대한민국 방송 사상 역대 최고 기록!

제38회 한국방송대상 **대상**

제38회 한국방송대상 **다큐멘터리 작품상**

2011 대한민국 콘텐츠 어워드 **방송영상그랑프리 부문 대상**

2011 대한민국 콘텐츠 어워드 **방송영상그랑프리 부문 국무총리상**

2011 YMCA 선정 좋은 방송 **대상**

제 47회 백상예술대상 **교양정보 부문 작품상**

방송통신위원회 '2011 방송대상' **사회문화 부문 우수상**

제15회 삼성언론재단 삼성언론상 **어젠다상**

제23회 한국PD대상 **교양정보 부문 작품상**

제129회 한국PD연합회 이달의 PD상 **TV시사교양 부문 작품상**

2010 EBS 방송대상 **대상**

제24회 한국방송작가상 **교양 부문**

제3회 한국기독언론대상 **사회정의 부문 최우수상**

제21회 한국가톨릭매스컴상 **방송부문**

2011 Japan Prize **본선진출**

EBS가 교육대기획 10부작으로 제작한 〈학교란 무엇인가〉는 내부의 문제를 부정하지 않고 먼저 자각하고, 그런 후에 변화를 모색하는 과정을 통해 그 발견과 성장을 그대로 보여준다는 점에서 그 어떤 드라마보다 더 감동적이다.

마치 우리 교육이 갖고 있는 문제들의 토탈 솔루션을 제공하고 있는 듯한 이 다큐는 바로 그 해법의 중심에 '학교'가 있다는 것을 재발견한다. 어찌 보면 당연한 일이 아닌가. 아이들이 즐겁게 뛰놀고 공부하며 성장하는 곳이 학교라는 사실. 입시교육이 가져오는 그 잘못된 욕망들로 인해 공부가 왜곡되면서 선생님도 학생들도 그리고 부모들도 그 속에서 고통스러워했던 것이 아닌가. 이 다큐멘터리는 '학교란 무엇인가'라는 근본적인 질문을 다시 던짐으로써 본연의 학교를 되찾아 주고 싶었는지도 모른다.

〈학교란 무엇인가〉는 그저 하나의 TV 프로그램 그 이상을 담아낸다. 잘못된 길로 접어든 교육을 본래의 자리로 되돌리려는 노력과 변화의 흔적들이 그대로 녹아 있다. 학교라는 공간 안에 숨 쉬며 살아가는 학생들과 선생님 그리고 부모들이 그동안 억눌리고 막혀 있던 교육에 대해 소통하면서 실제로 변화해가는 모습을 본다는 것은 실로 대단한 경험이 아닐 수 없다. 이 다큐가 드라마보다 더 감동적인 이유는 그 때문이다.

－대중문화 칼럼니스트 정덕현

책을 읽어 내려가면서 교육이 가진 본래의 가치에 대해 깊이 생각해볼 수 있는 계기가 되었다. 교육을 통해 궁극적으로 이루고자 하는 것은 100점짜리 성적표나 돈과 명예가 아니라 '행복한 삶'이라는 것. "사람은 자신의 가치를 발견할 때 다른 사람과의 관계 속에서 진정한 행복을 느끼고 자존감도 높아지므로 부모가 책임져야 할 교육은 아이가 스스로 가치 있는 사람이라고 여기고 남과 더불어 살 수 있도록 가르치는 것이다"라는 말이 참 가슴에 와 닿았다. 아이를 키우면서 늘 명심하고 교육철학으로 삼고 실천해야겠다.

ID_banbany98

우리 아이가 원하는 것은 무엇일까?
책에서는 아이가 스스로 원하고 할 수 있을 때까지 부모는 기다려주어야 한다고 한다. 수많은 실험과 전문가들의 입을 빌려 많은 이야기들을 담고 있지만 결국은 그 이야기를 하고 있다. 가슴에 찌르르 울림이 있다. 불안해서. 혹은 남들이 다 하니깐. 우리 아이가 무얼 원하는지도 모른 채 달려왔다. 학교란 무엇인가, 교육이란 무엇인가. 이 모든 것이 결국 우리 아이의 가치를 발견하게 해주는 과정이란 걸 새삼스레 느낀다.

ID_harsos

학교를 다니는 이유는 이 사회의 일원이 되고 경제활동을 하고 자아 성취감을 느끼기 위함이다. 하지만 현재의 우리나라는 어떠한가? 입시지옥 속에서 아이들이 얼마나 자살 충동에 휩싸여 있는지 모른다. 나도 개인의 인격을 존중해주는 서머힐에 다녔다면, 지금 현재의 모습에서 달라져 있을까? 중학교 때부터 학교와 안 맞아서 힘들었는데, 이런 책이 지금 나타나다니⋯ 이 책으로 인하여 나의 세계관이 송두리째 바뀌어버렸다. 인식의 대전환이다.

ID_danggun100

학교란 무엇인가

THE WAY OF EDUCATION

|2|

EBS 교육대기획 **학교란 무엇인가2**

– 내 아이의 꿈이 살아나는 가슴 뜨거운 교육 이야기

초판 1쇄 | 2011년 9월 2일
　　13쇄 | 2022년 12월 1일

지은이 | EBS 〈학교란 무엇인가〉 제작팀

대표이사 겸 발행인 | 박장희
제작 총괄 | 이정아
편집장 | 조한별

발행처 | 중앙일보에스(주)
주소 | (04513) 서울시 중구 서소문로 100(서소문동)
등록 | 2008년 1월 25일 제2014−000178호
문의 | jbooks@joongang.co.kr
홈페이지 | jbooks.joins.com
네이버 포스트 | post.naver.com/joongangbooks
인스타그램 | @j__books

ⓒEBS, 2011

ISBN 978-89-278-0263-1 14590
　　978-89-278-0253-2 14590(SET)

중앙북스는 중앙일보에스(주)의 단행본 출판 브랜드입니다.

학교란 무엇인가

THE WAY OF EDUCATION

내 아이의 꿈이 살아나는 가슴 뜨거운 교육 이야기 | 2 |

| EBS 〈학교란 무엇인가〉 제작팀 지음 |

중앙books
JoongAng Ilbo

희망을 말하다, 학교란 무엇인가

학교란 무엇인가?

어찌 보면 참으로 당돌한 질문이다. 세상 사람들 대부분 자연스레 학교를 다녔고, 그것도 10년 이상씩이나 다녔지만 단 한 번도 이것에 대해 질문한 적이 없다. 학교란 곳은 분명히 매우 중요한 존재 이유가 있지만 너도 나도 때가 되면 스스로 가고 내 아이를 보내는 곳이 되었다. 너무 당연해서 생각할 이유가 없었다. 마치 공기가 중요하다고 알고 있지만 의식하지 않는 사이에 오염되었듯이, 학교가 중요하다는 것을 알면서도 생각하지 않아서 교육도 오염된 듯하다.

학교란 무엇인가?

하지만 다시 생각해보면 참으로 시의적절한 질문이다. 다들 학교의 위기를 말한다. 교실 붕괴로 몸살을 앓는 학교. 학교가 싫다고 떠나는 학생. 가르침을 통해 희망을 베풀자고 교사가 되었건만 오염된 현장에서 절망하는 교사. 하지만 아직 늦지 않았다. 이제 제대로 질문하지 않았는가. 우리는 여태껏 학교의 변두리 문제에 많은 질문을 했지만 학교의 존재 이유 자체에 대해서 질문하진 않았다. 그래서 다행이다. 이제 희망이 보인다. 무엇인가에 대해 생각한 순간, 우리에게 희망은 보였고 〈학교란 무엇인가〉는 그 질문에 답해주었다.

학교란 무엇인가?

참으로 고마운 질문이다. 위기 학생의 문제가 교사들에게 상실감과 무력감을 가져다준다. 학교와 멀어지는 학생들이 훗날 사회부적응 국민이 되고 대한민국을 불안하게 한다. 이 씁쓸한 연쇄 작용에 대해 우리는 진지하게 생각해볼 필요가 있다.

이런 문제의식 속에서 EBS 〈학교란 무엇인가〉는 다양한 질문을 통해 우리의 학교가 아직 살아 있음을, 우리의 교육에는 아직 희망이 있음을 보여주었다. 올바른 교육이, 지치지 않은 학교가 우리 아이들을 살리고 대한민국을 살린다. 이제 위기만 말하는 것이 아니라 희망을 말할 수 있을 것이다. 그리고 '학교란 이것이다'라고 현재의 우리 아이들을 위해, 미래를 살아갈 후세에 당당히 전할 수 있기를 바란다. 바로 그 출발에 〈학교란 무엇인가〉가 있다.

내가 느꼈고, 교육을 생각하는 모두가 느꼈으면 하는 마음.
그 감동을 모두 함께하기를 진심으로 바란다.

동국대 석좌교수, 『인재혁명』 저자

조벽

진정한 학교는 과연 어떤 모습이어야 하는가

솔직히 고백하건대 제작진은 '학교'란 장소에 대해 부정적 선입견을 갖고 있었다. 각자의 경험에서 파생된 학교에 대한 피하고 싶은 기억, 왠지 따분하고 무거운 공간이라는 선입견. 그것도 모자라 10부작이라는 대형 다큐멘터리 아이템으로서의 적합성 여부까지.

하지만 학교의 역할에 대해 실망했다고 해서 '학교무용론'에까지 동의할 수는 없었다. 아이들이 하루의 대부분을 숨 쉬는 학교, 배움이 일어나는 공간인 학교가 버려지고 방치되는 상황에 대해 제작진은 심각한 고민에 빠졌다. 그 원인과 대안이 무엇이든지 간에 대한민국 사회에서 학교에 대한 '생산적이고 희망적인 담론'을 이야기하고 싶었다.

우선 제작진은 이 무지막지한 다큐멘터리의 컨셉을 잡기 위해 자천타천으로 수많은 교육전문가를 만났다. 학생, 부모, 선생님들은 물론이거니와 전교조, 학원 강사, 대학교수, 언론계 인사, 전직 교육부장관에 이르기까지 교육과 관련된 모든 분야의 전문가들을 만났고 그들의 이야기를 듣고 또 들었다. 우리가 접한 결과는 충격적이고 놀라웠다. 각자의 입장과 시각에서 본 학교에 대한 생각들이 너무나도 달랐기 때문이다. 다만 한 가지 공통점은 있었다. 학교에 대한 관점이나 이미지가 예상보다 훨씬 부정적이라는 것이다. 제작진은 '학교'가 궁금해지기 시작했다.

그런데 막상 제작을 하려니 또 다른 고민이 들어왔다. 우리가 학교를 제대로 본 적이 있기는 한가? 학교 안에 있는 아이들을 제대로 본 적이 있기는 한가? 학교의 현재 모습과 고민을 정면으로 맞닥뜨린 적이 있는가? 진정 학교란 무엇인가? 교육대기획 아이템 10개는 이러한 진지한 고민의 반석 위에 놓여졌다. 어느 하나 중요하지 않은 것이 없었고 어느 하나 소홀히 할 것이 없었다.

우리가 '학교란 무엇인가'라는 질문에 선뜻 대답하지 못하는 진짜 이유는, 학교를 제대로 본 적이 없기 때문이다. 이를 위해 〈학교란 무엇인가〉 제작팀은 학교 안으로 깊숙이 들어갔다. 기록성을 최대한 발휘하여 현실 속에서 새로운 진실을 발견하고자 했다. 연출은 없었다. 학교 내면으로 들어간 카메라는 그들의 숨소리를 담고 아이들의 표정과 진실한 이야기를 담았다. 비주얼에 점령당한 최근의 TV 다큐멘터리에는 어울리지 않는 접근이었지만 우리에게 필요한 것은 눈이 아닌 마음으로 전하는 사람들의 이야기라고 자위했다.

촬영은 결코 쉽지 않았다. 학교라는 곳은 굳게 닫힌 성과 같았고 대부분의 학교가 좋은 모습만 비춰지기를 원했다. 섭외는 어려웠고 제작은 더뎠다. 어느 학교에서는 촬영 중에 교실에서 나가달라는 요청을 받기도 했다. 하지만 1년 6개월간의 제작·촬영기간이 끝나고 고통스러운 편집과 치열한 후반 작업을 거쳐 2010년 가을, 드디어 10가지 이야기가 그 모습을 드러냈다.

방송 후 시청자들의 반응과 외부의 평가는 과분했고 각종 방송언론대상에서 수상하는 영광을 누렸다. 감사하고 부끄럽고 아쉬웠다. 우리의 기획의도를 이해해주고 기꺼이 동참해준 학교와 선생님, 학생들에게도 너무나도 고맙고 또 고마웠다. 하고 싶은 이야기가 많았지만 힘이 부족했다고 고백하고 싶다.

제작진의 소박한 바람은 〈학교란 무엇인가〉 방송을 보거나 책을 읽은 사람들이 '도대체 학교의 역할은 무엇인가'에 대해 단 한 번만이라도 진지한 고민의 시간을 가졌으면 하는 것이다. 이유는 간단하다. 학교에 대한 관심과 고민이 많아져야 학교가 좋아지고, 그래야 우리 아이들이 행복해지기 때문이다.

이 지면을 빌려 카메라 앞에 자신들의 교실과 보이고 싶지 않은 모습까지 용기 있게 공개해주신 모든 선생님들께 다시 한 번 감사드린다. 〈학교란 무엇인가〉가 받은 수많은 칭찬은 온전히 이들의 용기와 헌신의 결과이다. 선생님들이 있기에 다시 학교에 대한 희망을 품어본다.

‘선생님이 학교이고 학교가 선생님이다’

EBS 〈학교란 무엇인가〉 제작진을 대표하여

정성욱 PD

학교와 함께한 1년 2개월의 뜨거운 기억들.
"학교는 이제 희망을 보여줍니다."

차례

Part **1**

학교란 무엇인가

학교의 의미와 우리의 교육현실, 그리고 희망의 씨앗

Part **2**

학교를 바꾸는 좋은 선생님의 자격

선생님의 의미와 공교육의 가치

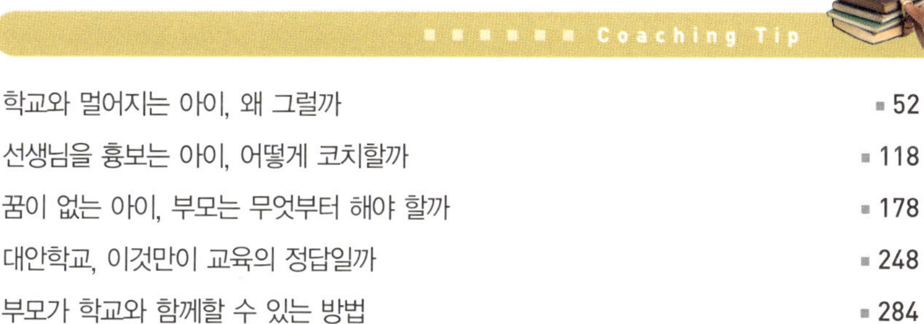
Coaching Tip

배움의 미래는 어디에 있을까

모든 배움이 학교라는 틀을 필요로 하는 것은 아닐 것이다. 하지만 우리 아이들에게는 학교라는 배움의 틀이 필요하다. 그리고 학교는 아이들이 성장하면서 조금씩 배워야 할 것을 제대로 가르쳐야 하는 책임이 있다. 그 책임이 온전한 힘을 발휘한다면 우리 아이들은 분명 지금보다 더 행복해질 것이다. 이것이 우리의 희망이다. 〈학교란 무엇인가〉는 바로 '배움의 미래'에 대한 희망을 찾는 여정이었다.

〈학교란 무엇인가〉의 첫 번째 책이 칭찬의 역효과나 상위 0.1%의 비밀처럼 교육 현장에서 실제적으로 직면할 수 있는 문제와 그에 대한 구체적 해법을 제시했다면, 이번 책은 우리가 이 프로그램을 제작하게 된 보다 근본적인 문제에 집중했다. 학교에 대한 생산적인 담론을 나누고 아이들이 행복할 수 있는 학교의 이상향도 제시하고자 했다.

방송 10부작 중에서 학교란 무엇인가1부, 2부, 이우학교 이야기3부, 세계 최고의 고등학교4부, 우리 선생님이 달라졌어요5부에 소개된 내용을 '행복한 교육을 위한 학교의 조건'이라는 의도에 맞춰 일목요연하게 소개하고자 했다.

누가 학교의 위기를 말하는가

하루 152명의 아이들이 학교를 떠나고 있으며, 매년 학생들의 중도 탈락률이 높아진다는 통계가 있다. 왜 학생들은 학교를 떠나는 것일까? 학교는 아이들의 행복을 위해 무엇을 해야 할까? 방송에 등장했던 학교와 선생님, 그리고 아이들을 통해 우리의 교육현실과 세태의 변화를 살펴보았다.

어쩌면 부모들이 경험했던 학교의 모습과는 전혀 다른 요즘의 교실이 다소 생소할지도 모른다. 각 학교의 선생님, 학생들의 일상을 짚어보고, 사회적 이슈가 되는 교육 문제, 청소년 문제 등을 살펴보면서 학교의 의미와 우리의 교육현실, 그리고 희망의 씨앗을 찾아보았다.

우리 선생님들은 정말 형편없는 것일까

교육의 질이 교사의 질을 넘어설 수는 없다. 스스로 변화를 갈망하는 5명의 선생님이 국내 최고의 전문가에게 도움을 받아 진정한 선생님으로 변신해가는 과정을 담았다. 국내 최초 교사 혁신 프로젝트를 통해서 학교와 선생님 탓만 하는 부모들, 선생님을 무시하는 아이들에게, 일부 교사의 잘못을 전체인 양 과장하는 사회적 시선 앞에 신뢰 잃은 학교교육을 변화시킬 수 있다는 희망을 전하고자 했다.

각자의 고민을 안고 있는 선생님들이 최고의 선생님이 되기 위해 노력하는 긴 여정과 그 속에 담긴 땀과 눈물을 담았다. 아직 우리 사회에는 아이들에게 '좋은 선생님'이 되고자 노력하는 수많은 선생님들이 있다. 선생님들의 변화된 모습을 살펴보면서 선생님의 역할과 공교육의 가치를 되짚어본다.

학교는 아이들에게 무엇을 가르쳐야 하나

좋은 선생님만으로 학교가 완전히 달라지는 것은 아니다. 학교에는 아이들의 능력에 최적화된 그리고 교육의 목적에 부합하는 최고의 커리큘럼이 있어야 한다. 세계 최고라 불리는 학교들은 어떤 교육을 하고 있을까? 미국, 인도, 한국에서 내로라하는 고등학교들, 그들이 최고인 이유를 심층적으로 파헤쳐 보았다.

특히 한국 최고의 천재들이 모여 있는 민족사관학교를 심층 취재해 그들만의 리더십 교육과 글로벌 인재교육을 살펴보았다. 과연 학교는 아이들에게 무엇을 가르쳐야 하는가. 어떤 것을 가르쳐야 스스로 꿈을 찾고 그 꿈을 위해 노력하는 아이로 자라날 수 있을까. 최고의 고등학교, 그들의 교육 목표와 그 속에서 발견한 우리가 아이에게 전해주어야 할 가치, 그리고 비전을 다뤄본다.

우리가 꿈꾸는 학교는 있는가

교사와 학생, 부모가 함께 교과과정을 만들고 입학할 때 '사교육 포기 각서'를 써야 하는 학교가 있다. 2003년 9월 개교한 이래, 많은 사람들의 의심과 관심 속에서 오로지 공교육만으로 승부한 이우학교. 대안학교를 통해 우리가 지향해야 할 교육의 참된 역할을 되새겨본다.

스스로 삶을 개척하는 법을 배우기 위해 교실 밖 세상 속으로 나온 아이들. 우리가 진정 바라는 좋은 교육의 모델이자 이상적인 학교의 모습이 가장 잘 구현되고 있는 이우학교, 그 기적의 비밀을 밝힌다.

아이들이 행복한 학교를 위해

숙제, 시험, 성적표가 없는 학교. '어린이는 두려움 없이 교육받아야 한다'는 혁신적 교육철학을 바탕으로 설립된 영국의 서머힐. 서머힐은 실패한 영국 공교육에 대한 교육적 상상력을 불러일으키는 모델이다.

서머힐 학교의 교육관을 언급하며 우리와 학교가 나아갈 방향에 대해서도 생각해본다. 미래의 학교를 위해 우리 모두가 어떠한 마음으로, 어떤 목표를 이뤄 나가야 할지 학교의 존재 의미와 함께 결론 지어본다.

어찌 보면 좋은 학교의 조건이란, 시설이나 수업 도구와 같은 교육 환경, 동기 부여를 할 수 있는 교사, 창의적인 커리큘럼 등으로 대표될 수 있을 것이다. 우리는 여기에 결정적인 것 하나를 보탰다. 바로 '아이 중심'이라는 조건이다. 앞으로 우리가 할 이야기는 아이가 중심인, 좋은 학교의 조건이다.

"학교의 의미와 우리의 교육현실,
그리고 희망의 씨앗"

Part 1

학교란
무엇인가

부모이기 전에, 선생님이기 전에

누구나 학교를 다니던 어린 시절이 있었습니다.

골목이나 운동장에서 마냥 뛰어놀던 초등학교 시절,

친구들과 조금씩 어른 흉내를 내던 중학교 시절,

입시 준비로 밤늦도록 교실에 붙들려 있던 고등학교 시절.

하루에 도시락 두 개씩을 싸들고 다니면서도

'대학만 가면 다 보상 받는다'던

부모님 말씀을 믿었습니다.

선생님 말씀에 순종했습니다.

그때는 죽을 것처럼 힘들었지만, 잘 이겨냈고

우리의 아이들도 잘 이겨내리라 당연하게 여겼습니다.

그러나 지금, 아이들은 더 이상 부모들의 말을 믿지 않습니다.

선생님 말씀을 한 귀로 흘려듣습니다.

학교는 이제, 아이들의 쉼터가 아니라 감옥이 되어버렸습니다.

정말, 학교란 무엇일까요?

우리 아이들에게 학교는 어떤 곳이어야 할까요?

Chapter 1

학교는 살아 있다

네 꿈이 무엇이냐고 물으신다면

됐어(됐어) 이젠 됐어(됐어)

이제 그런 가르침은 됐어

그걸로 족해(족해) 이젠 족해(족해)

내 사투로 내가 늘어 놓을래

매일 아침 일곱 시 삼십 분까지

우릴 조그만 교실로 몰아넣고

전국 구백만 아이들의 머릿속에

모두 똑같은 것만 집어넣고 있어

막힌 꽉 막힌 사방이 막힌

널 그리곤 덥석 모두를 먹어 삼킨

이 시커먼 교실에서만

내 젊음을 보내기는 너무 아까워

– 서태지와 아이들, 교실 이데아(1994) 中

부모인 우리의 학창 시절은 엇비슷했다. 경제적 사정만 아니라면 대학 가는 일은 정해진 수순이었다. 중학교 시절부터 시험의 연속이었고 연합고사 커트라인을 통과해 무사히 고등학교에 진학하면 또 다른 관문이 있었다. 대학 입시, 아침 7시 반부터 밤 10시까지 오로지 공부에 매달렸다. 그야말로 오직 학교 공부가 전부였던 학창 시절.

그래서 우리는 아이들이 학교에 다니고, 공부하는 것이 당연한 줄로만 안다. 한 번도 학교의 가치에 대해서 의심해본 적 없다. 공부에 소홀했던 부모의 경우에는 더욱더 아이를 다그친다. '공부 잘해야 네가 원

〈학교란 무엇인가〉에서 찾아간 첫 번째 학교, 흥덕고등학교.

하는 일을 할 수 있고, 돈도 많이 벌고, 성공할 수 있다' 그런데 과연 그것만이 전부일까.

2010년 4월, EBS 다큐멘터리 〈학교란 무엇인가〉 제작진은 흥덕고등학교를 찾았다. 흥덕고등학교는 경기도 용인시에 위치한 학교로, 2010년 3월에 처음으로 140여 명의 신입생을 맞이했다. 용인시는 비평준화 지역으로, 입시 경쟁이 치열한 곳이다.

| 흥덕고등학교 아이들 |

교문에서 흥덕고등학교 교장선생님이 등교 지도를 하고 있다. "○○아, 너 어제 보니까 오토바이 뒤에 타고, 아주 볼 만하던데?" "○○는 휴대폰 충전기 하나 들고 학교 오네?" 복도를 돌며 몇몇 선생님들도 수

업 전 학생 지도에 나섰다. 선생님이 화장실로 들어섰다. "여기가 대기실인 줄 알아? 빨리 교실로 가. 이놈들 봐라, 얼굴 조금만 컸으면 큰일 날 뻔했어. 화장하는 데 2시간 걸리게." 이것이 아이들과의 일상적인 대화였다.

다소 놀란 제작진에게 이범희 교장선생님은 대수롭지 않은 듯 말한다. "일반적인 사람들은 고등학생이라고 하면, 다소 반항심도 있지만 입시에 충실한 아이들이라고 생각하잖아요. 하지만 우리 주변에는 정말 상상 이상의 아이들이 많아요"라고 설명한다. 부모 세대에는 소수의

문제아만이 반항과 일탈을 했
다면, 어른의 눈에 비친 요즘
아이들은 우리를 자못 놀라게
한다.

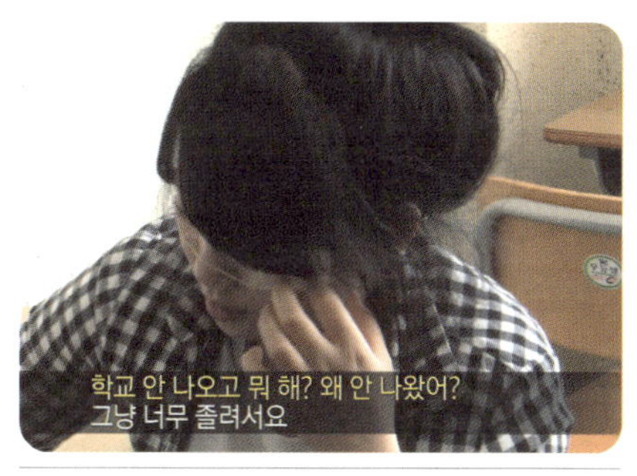

아이들에게 학교란 어떤 의미일까?

길에서 스쳐 지나가는 아이
들의 행동이나 말에 소스라치
게 놀란 경험이 있을 것이다.
아직 여린 피부에 독한 화장을 덧칠하고, 인적 드문 공터에 모여 욕설을
지껄이며 담배를 피우는 아이들. 어두운 밤거리에는 학생으로 보이는
몇몇 무리들이 술에 취해 비틀거린다.

"커서 뭐가 되려고 저 모양이야? 암담하다, 암담해."

"학교는 도대체 뭐 하는 거야? 저런 애들은 확 잘라버려야 해."

"부모가 도대체 누구야? 때려서라도 가르치지 못하고?"

요즘 아이들이 문제라고, 누구나 쉽게 말하지만 책임지려 하진 않는
다. 아이들 마음속에 감춰진 상처에 대해서는 스쳐 지나갈 뿐이다. 왜
아이들이 학교에 머물지 않고 방황과 일탈을 일삼는지 깊게 고민하지
않는다. 우리 아이들에게 꿈이 있기는 한 것일까.

제작진은 흥덕고등학교 아이들에게 꿈을 물어보았다. 하얀 종이를
나누어준 후, 그 안에 자신의 꿈, 장래희망 등을 적어보라고 요청했다.
아이들은 마지못해 꿈이라는 단어를 써보지만, 단지 그뿐이었다. 난감
한 표정의 아이들. 결국 꿈을 적어내지 못했다.

선생님 마음 같지 않은 아이들

아이들은 학교에서 더 이상 꿈 꾸지 않는다. 초등학교 6년, 중학교 3년. 오랫동안 학교를 다녔지만 배워야 할 아무런 이유도 찾지 못한 아이들은 교실에서 잠을 청한다.

흥덕고등학교의 쉬는 시간. 태반의 아이들이 엎드려 있거나 창가에 기대어 졸고 있다. 몇몇 여자아이는 거울을 보며 머리를 손질하고 손톱이나 눈썹을 다듬는다. 음악 소리에 몸을 흔드는 아이도 있다. 운동장에서 놀고 있던 아이들은 자신이 기억하고 있는 학교에 대해 털어놓았다. "저요? 저는 그냥 맞고 사는 인생이었죠.""(왜 때리는지) 말도 안 해. 그냥 때려요. 저번에 한 200대 맞았었나?"

학교 밖에서도 아이들은 선생님 마음 같지가 않다. 지난 몇 개월간 자꾸만 학교에서 벗어나려는 아이들을 어떻게든 보듬으려고 애썼다. 참 많이 노력했다고 생각했는데 아이들은 쉽게 변화되지 않았다.

자꾸 문제 일으키는 아이들 때문에 선생님들이 언성을 높여가며 밤 늦도록 토론을 하면, 그 다음날 아이들은 마치 선생님들을 비웃기라도 하듯이 또 문제를 일으킨다고 했다. 마치 선생님들 싸움 붙여 놓고 즐기는 모습이라며, 학생들이 야속하고, 얄밉고, 속상하다고 토로했다.

그렇지만 할 수 있는 한 최선을 다해 아이들의 학업을 도와주고 싶은 선생님도 있다. 서일고등학교 문 선생님. 자신이 맡고 있는 아이들의 상황이 안쓰럽다. 충청남도 서산시 지곡면에 위치한 서일고등학교는 시내가 아닌 외곽에 있는 면 단위의 작은 고등학교다. 학교 수업이 끝나도 가야 할 학원이 따로 없는 아이들에게 선생님이 있는 학교는 공부

〈학교란 무엇인가〉에서 찾아간 두 번째 학교, 서일고등학교.

할 수 있는 유일한 공간이다. 선생님은 어떻게든 아이들이 꿈을 이루는 데 성적이 발목 잡지 않도록 도와주고 싶다. 아이들 스스로 학습계획표를 세우게 하고, 무조건 밤 11시까지 '스파르타'라 불리는 야간 자율학습을 지도한다.

| 서일고등학교 아이들 |

이제 곧 여름방학이다. 선생님은 방학 동안 아이들이 시간을 낭비하지 않도록 학습계획표를 짜오게 했다. 하지만 시험이 끝난 지 얼마 되지 않아 아이들 마음은 마냥 들떠 있다.

다음날, 학습계획표를 써오지 않은 아이들이 생각보다 많자 선생님 얼굴이 굳어졌다. "너희들은 집에서 뭐 했어? 어제 집에 가서 뭐 한 거야?" 아이들은 복도에서 고개를 숙인 채 선생님 훈시를 들을 수밖에 없었다. "나도 쉬고

싶으면 집에 가고 그럴까? 너희들이 안 하는데 내가 왜 해? 너희가 하고자 하는 마음이 없는데 내가 왜 하겠니?”

점점 언성을 높이던 선생님은 기어코 촬영을 접고야 말았다. 아이들이 선생님 마음을 몰라줄 때 상실감 또한 클 것이다.

어떤 아이들에게 학교는 선도善導라는 목적으로 폭력을 행사하는 곳일 수 있다. 모두가 똑같은 꿈을 꾸게 하고, 똑같은 삶을 강요하며 공부가 전부인 것처럼 주입하는 곳이기도 하다. 성적에 의해 될 놈과 안 될 놈을 구분하는 감별사 역할을 하는 곳일 수도 있다.

학교 입장에서 보면 선의善意를 가진 것이라도 받아들이는 아이들의 입장은 아닐 수 있다. 결국 아이들 가운데 일부는 학교에 반감을 갖고 이탈하거나 반항하고 문제 행동을 벌이게 된다.

공부가 유일한 방법이라는 아이들

“학교란 도대체 어떤 역할을 해야 되는 곳인지, 근본적인 물음을 가져 봅니다. 만약 학교에서 아이들을 포용하지 않는다면 과연 열일곱, 열

여덟 된 아이들이 그 시기를 어디에서, 어떻게 보낼까. 여기서 아이들
은 학교의 몫이라는 생각이 듭니다.

– 흥덕고등학교 교장 이범희

제작진은 다시 서일고등학교를 찾아가보았다. 교문을 벗어나면 눈앞
에는 논밭이 시원하게 펼쳐진다. 학교에서 시내까지는 버스로 30분 거
리. 그나마 버스 배차 간격도 30분에 한 대씩이다.

도시 학교의 학생들이 방과 후 학원에 가거나 과외를 받는다면, 이
학교 학생들은 방과 후 경운기를 몰거나 밭을 가는 등 집안일을 도와야
하는 것이 보통이다. 서일고등학교 2학년에 재학 중인 가영이의 사정도
이와 크게 다르지 않다.

| 서일고등학교 가영이 |

야간 자율학습이 시작되기 전, 가영이는 초등학교 3학년인 동생의 저녁밥을
챙기기 위해 집으로 향한다. 집에 도착한 가영이는 묵묵히 동생의 저녁밥을
차려주고, 동생이 숟가락 한술 뜨는 동안 식탁에 마주앉아 동생의 숙제를 점
검한다. "읽으라고 한 건 읽었어?" "국어는 했어?" 동생이 푼 학습지를 채점
하며 "모르는 것 있으면 체크해 놔. 언니가 내일 아침에 봐줄게."
혼자 시간 보내는 동생의 외로움이 안쓰럽지만 가영이는 바삐 집을 나선다.
"밥 먹고 저기 넣어 두면 언니가 갔다 와서 설거지 할게." 오늘도 저녁밥을
거른 채 가영이는 공부를 하기 위해 학교로 돌아간다.

도시 학교의 아이들과는 다른 일상. 공부에만 매달려도 원하는 대학

에 진학할 수 있을지 걱정되지만 정작 가영이는 별다른 불평불만 없이 묵묵히 생활하고, 공부한다. 가영이는 자신이 공부하는 이유를 이렇게 설명한다. "솔직히 저희 집이 엄청난 부자고, 제 미래가 확실히 보장되어 있다면 공부를 안 하고 싶었을 것 같아요. 집안 사정 그런 것도 생각하게 되고, 미래에 하고 싶은 게 많은데 그걸 이루려면 가장 경제적인 게 그나마 공부라고 생각해요."

다른 아이들보다 불리한 조건. 가영이는 그 모든 것을 공부로 극복할 수 있다고 여긴다. 학원이나 과외는 엄두도 못 내지만, 이른 아침부터 늦은 밤까지 학교와 선생님이 이끄는 대로 최선을 다할 뿐이다. 담임 선생님도 가영이의 이런 상황이 안쓰럽기는 마찬가지다.

"사실은 가영이가 많은 재능을 가지고 있을 건데, 그 재능들을 학교에서 발견해주지 못하는 부분도 크고요, 공부 외에 학교나 선생님이 해줄 수 있는 역할이 적다는 게 가슴 아픕니다."

흔한 말로 입시는 경쟁이다. 대학이라는 관문을 통과하기 위해 아이들은 초등 시절부터 정해진 코스를 밟는다. 경제적인 여건이 뒷받침된다면 더 많은 혜택을 누릴 수 있다. 남들보다 우위를 점할 수 있는 선행 학습, 자기 실력에 맞춘 1:1 과외 교습, 부족한 부분을 보충할 수 있는 보습학원, 무엇보다 입시 정보를 꿰뚫고 아이의 학업을 진두지휘하는 학습 매니저, 엄마.

아빠의 경제력과 엄마의 발품이 아이를 입시 경쟁에서 이기게 한다는 시쳇말이 어쩌면 맞는 것일 수 있다. 이런 사회 분위기 속에서 학교가 공부를 하고 싶은 아이들에게 해줄 수 있는 역할이 적다는 것, 이것은 선생님에게도 엄청난 자괴감으로 다가온다.

2인3각 달리기하는 것처럼

"도대체 학교가 아이들한테 무얼 하는 것이냐, 선생님들은 도대체 아이들을 교육하기는 하는 것이냐, 늘 이런 질문을 받습니다. 교사의 진정성, 즉 아이들을 향한 끝없는 사랑이 아이들에게 궁극적인 변화를 가져다줄 수 있지 않을까, 이런 생각을 합니다."

– 흥덕고등학교 교장 이범희

열정 어린 선생님은 우리 곳곳에 존재한다. 방황하는 아이들을 포기하지 않는다. 진정 어린 마음으로 아이들을 위해 자신을 희생할 때 아이들은 조금씩 변화할 수 있다고 믿는다. 그리고 그 변화가 아이의 미래를 빛나게 하리라는 기대도 있다.

아이들이 학교에 있는 한 선생님도 학교를 떠나지 않는다. 늦은 밤, 학생의 귀갓길이 걱정되어 차로 집까지 데려다 주는 선생님, 학생의 자취방을 직접 점검해주고 둘러보는 선생님. 잘못한 학생들을 대신해 허리 숙여 사과하는 선생님. 칭찬을 할 때도, 꾸중을 할 때도 선생님 머릿속은 온통 아이들뿐이다.

어찌 보면 학교는 교사와 학생, 두 집단의 만남이 이루어지는 곳이다. 매일 얼굴을 마주하고 부대끼며 가족보다 더 오랜 시간을 함께 나눈다. 과거에는 학생을 지도하는 교사에게 더 권위를 부여하고 주도권이 있다고 여겼다. 하지만 '교사는 가르치고 학생은 배운다'는 일방적이고 단편적인 관계 성립은 있을 수 없다.

아직도 대개의 부모들은 교사가 가르치면 학생이 저절로 따라가는

아이의 변화를 믿고 노력하는 우리 주위의 교사들.

줄 오해한다. 똑같은 교사 밑에서 모범생도 나오고 문제아도 나오는데, 우리는 전적으로 교사에게 책임을 전가한다.

학교에는 입시 경쟁에 내몰린 학생들과 아이들에 대한 책임감으로 중압감에 시달리는 교사가 살고 있다. 이들은 2인3각 달리기를 하는 중이다. 교사는 학생의 발걸음에 보조를 맞추기 위해 노력 중이다.

학교는 또 다른 사회이다. 그 안에서 성품이나 개성이 다른 각각의 인격체가 서로 부대끼며 상호작용을 하며 살아간다. 갈등하기도 하고 충돌하기도 하며, 화해하고 보듬어 안는 일들이 매순간 일어난다. 어쩌면 이것이 어쩔 수 없으면서도 가장 자연스러운 모습이다.

학생, 부모, 교사는 저마다의 입장에 따라 견해 차이가 있을 수 있다. 하지만 입장과 견해가 다르다고 해서, 그들의 지향점이 다른 것은 아니다. 이들은 모두 한 목소리로 학교의 위기를 논하며, 이제는 달라져야 한다고 말한다. 지향점이 같다면 과정 중에 일어나는 갈등은 얼마든지 조율할 수 있다. 학교란 마치 유기체와 같아서, 학생과 부모, 교사가 서로를 보완하고, 다독이고, 기다려줄 때 조금씩 이상적인 방향으로 진화할 수 있다. 그 속에서 학교는 희망을 꿈꾸며 살아 숨 쉰다.

Chapter 2

모두가 행복한 학교를 위해

서로에 대한 믿음을 회복하기 위해

처음의 흥덕고등학교에서는 학생들이 외부 상가 화장실에서 벌였던 문제 행동들이 원인이 되어 학교 분위기가 단번에 냉랭해졌다. 그간 학교생활을 방만히 했던 학생들의 태도가 도마 위에 올랐다.

전교생이 모인 시청각실. 교장선생님은 간절한 마음으로 아이들에게 말했다. "정말 어떻게 하면 좋을까, 정말 어떻게 하면 좋을까?" 잠깐의 침묵이 흐른 뒤 교장선생님이 말을 이었다. "선생님이 더 노력하겠습니다. 선생님들이……. 우리 학생들이 아픔이 많구나, 부모님들이 정말 걱정을 많이 하시는구나, 이런 생각이 들어요."

다른 선생님은 강경한 의지가 담긴 훈계를 했다. 교장선생님과는 달리, 이젠 처벌이 필요하다는 요지였다. "본인은 괜찮을지 몰라도 그 시간에 다른 학생의 학습권이 침해받고 있다는 것 명심하세요. 수업 시간에 늦게 들어오는 것, 수업 준비 안 하는 것, 선생님한테 말대답해서 다른 학생들에게 피해주는 것 등 이제는 그냥 처벌할 수밖에 없습니다."

그리고 최후통첩 하듯 마지막 이야기를 덧붙였다. "언제까지 학생들을 다 안고 갈 것인가 심각하게 고민하지 않을 수 없습니다. 함께 가자고 했을 때 굳이 그러지 않겠다는 학생들까지 끌고 가야 된다는 교장선생님 방침에 저는 동의하지 않습니다."

수업이 시작되었지만 몇몇 아이들은 교실에 들어가지 않고 서성거렸다. 다소 불안해 보였다. 학교 교육방침이 바뀔 수도 있다는 선생님들 말씀에 아이들은 어떤 생각을 품고 있을까?

"이 학교, 이제 조금만 더 가다가요, 문제 일으키는 애들은 다 자를 것 같아요, 그냥."

"시청각실에 앉혀 놓고 인내심이 바닥났다는 둥, 이제는 못 참는다는 둥 그러잖아요. 학생을 자른다고도 하고. 결국은 똑같아져요. 이 학교도."

정말 똑같아질 것 같냐는 제작진의 물음에 아이는 확신에 차서 대답했다.

"절대, 100% 제가 확신해요. 똑같아져요. 학교는 무조건."

아이들은 아직 학교를 믿지 않았다. 그간의 학교 생활에서 나름의 상처를 안고 살아온 아이들에게 학교는 결국 다 똑같은 곳이었다. 아이들의 마음에는 불신이 자리하고 있었

학부모회의가 열린 흥덕고등학교.

다. 실망만 거듭했던 지난 학교생활 탓에 아이는 학교에 대한 기대가 없었다. 기대가 없어야 실망도 없으니까.

처음 학교를 설립하는 데 뜻을 모았던 부모들도 학교를 찾아왔다. 교사와 부모 간의 솔직한 이야기들이 오고 갔다. "백 명 중 한 명이 정말 나쁜 아이라서 백 명이 그 아이가 없었으면 좋겠다고 이야기를 해도 선생님은 그 아이를 끌고 가야 합니다. 학교에서 내친다면 그 아이는 갈 데가 없어요." 한 부모의 말이었다.

"그 아이의 학교생활을 유지하기에는 반대편에서 고통 받는 아이들이 너무 많습니다. 그것이 고민입니다." 한 선생님의 말이 끝나자 교장 선생님의 말이 이어졌다. "우리 선생님들도 학교에 대해 신뢰가 부족했던 아이들과 더 많은 대화를 해야겠습니다. 정말 가슴을 열고 이야기하는 것이 필요하다는 생각이 듭니다."

결국 학교를 믿지 못하고 방황하는 아이들을 학교는 더 기다리기로 했다. 아이들을 위해 언제나 문을 활짝 열어놓기로 했다. 아직 아이들과 하고 싶은 것, 해야 할 것들이 많았다. 학교는 아이들이 한 걸음, 두 걸음 학교를 향해 걸어오기를 기다리면서.

아이의 꿈을 찾아주기 위한 노력

제작진이 찾아간 세 번째 학교, 인평자동차정보고등학교.

학교 본연의 역할. 그것은 우리 아이들이 행복한 꿈을 찾도록 도와주는 것이다. 아이를 있는 그대로 이해하고 아이에게 숨겨진 가능성과 가치를 함께 고민하고 찾아내는 것이다. 모든 아이들은 본연의 역할에 충실한 학교에서 배울 권리가 있다.

아이들의 학교생활이 궁금한 제작진은 이번에는 인천의 인평자동차정보고등학교를 찾았다. 인평자동차정보고등학교는 자동차와 컴퓨터 특성화 고등학교로, 학업 성적이 인문계고 진학에 미치지 못하는 아이들이 주로 입학한다. 자동차로 유명한 특성화 학교지만 대개 공부에 흥미 없는 아이들이 이 학교를 찾곤 한다. 1학년인 승엽이 또한 그중 한 명이었다. 담임인 윤 선생님은 승엽이를 이렇게 표현했다.

"늘 시한폭탄 같은 모습이 있어서 계속 관심을 갖게 됩니다. 교사가 인내와 끈기를 갖게 하는 그런 아이인 것 같아요." 승엽이의 마음을 통 알 수 없기에 선생님은 자꾸만 마음이 쓰인다고도 말했다.

| 인평자동차정보고등학교의 학생 지도 |

승엽이는 전날 친구들과 학교를 무단이탈했다. 선생님은 승엽이의 마음을

잡아보기 위해 승엽이와 그 친구들에게 자동차기술 자격증에 도전해보자고 제안했다.

"너희들에게 자격증 공부시키는 이유가 뭔지 아니? 세상을 살다 보면 모든 일은 다 때가 있는 법이야. 지금은 너희들이 공부하고 싶은 마음이 없을 수 있는데, 자격증 하나 따보면 자신감도 생기고 다른 것에 욕심도 생기고 그런 것 같아. 너희들도 그런 계기를 가졌으면 좋겠어." 이렇게 승엽이는 자동차기술 자격증 시험을 준비하게 되었다.

선생님은 자격증 시험이 승엽이에게 좋은 미끼가 될 것 같았다. 새로운 도전을 통해 승엽이가 조금씩 변화하기를 기대했다. 승엽이는 처음에는 마지못해 따르는 것 같더니, 모르는 문제를 친구에게 물어보기도 하고, 책상 앞에 꽤 오래 붙어 있기도 했다.

물론 이런 상황이 오래 지속된 것은 아니다. 얼마 지나지 않아 승엽이는 다시 숙제도 하지 않고 선생님이 부르는데도 교실을 빠져 나갔다. 그러더니 갑자기 자격증 시험을 치르지 않겠다고, 그만두겠다고 짜증을 냈다. 그간의 노력이 수포로 돌아가려는 순간이 있었지만 선생님은 화내지 않았다.

"교사가, 학교가 아이들에게 주는 만큼 금방 반응을 나타내는 아이들도 있지만 그렇지 못한 아이들도 있게 마련입니다. 그때까지 기다리지 못한다면 꽃과 열매를 볼 수 없습니다. 아이들을 기다리는 건 교사에게는 필수, 선택이 아닌 필수요소입니다.”

:   “선생님은 노력하고 있는데 학생인 너는 왜 이런 반응인 거냐, 하고
     화를 내거나 감정을 쏟아낸다면 그 순간 아이는 완전히 내 곁을 떠날
     수 있습니다. 아이에게 화를 내려는 순간, 가장 많은 인내력을 동원하
     고 버티는 겁니다.”

– 인평자동차정보고등학교 교사

자신의 학생을 포기하지 않고 기다려주는 선생님. 선생님은 물러서
지 않는다. 오늘 물러서면 다시는 그 아이를 붙들 수 없을 것만 같다. 그
래서 희망의 끈을 놓을 수가 없다. 승엽이에게는 더 오랜 시간이 필요하
겠지만 선생님은 계속 기다릴 것이다.

어느새 아이들은 성큼 자라 있다

학교를 믿지 못하는 아이들에게, 자신의 꿈을 찾지 못해 갈팡질팡하
는 아이들에게 선생님이 할 수 있는 일은 아이들을 인내하고 기다려주
는 것이었다. 한결 같은 모습으로 든든한 버팀목이 되어준다면 언제든
아이는 돌아올 것이라는 믿음에서였다.

나의 학생에게 갖는 실오라기 같은 신뢰. 하지만 이 신뢰의 씨앗은,
교사와 학생, 학교와 학생을 이어주는 가장 질긴 연결고리다. 아이들이
캄캄한 세상에서 방황할 때 아이는 실오라기 같은 신뢰를 따라 다시 학

교와 선생님 곁으로 돌아올 것이다.

우리는 촬영을 접을 뻔했던 서일고등학교를 다시 찾았다. 당시 담임 선생님은 아이들이 방학이다 방송 촬영이다 들떠 있었다는 판단이 들었고, 그래서 촬영을 중단하기로 결심했다고 한다. 하지만 그날 이후 미안해하는 아이들의 성화로 촬영을 다시 시작했다.

| 서일고등학교의 수업시간 |

오늘은 자신의 꿈을 발표하는 시간, 승연이는 "대한민국을 건강하게 만들 수 있는 건강식 요리사가 되고 싶다"고 말했다. 우빈이는 "저의 꿈은 국어교사입니다" 하고 부끄러운 듯 말했다. 아이들이 발표한 꿈은 하나하나 선생님의 머릿속에 저장되었다.

선생님은 아이들에게 이런 말을 전했다. "인생을 살면서 많은 고비를 만나게 된다. 그런데 여러분에게 '과거에, 고등학생 때 난 해봤었어, 해보니까 되더라' 라는 자신감이 있다면, 이 자신감이 여러분 앞에 놓인 높은 산을 뛰어넘을 수 있는 디딤돌이 될 수 있어."

수업 이후 선생님은 승연이를 따로 불러 이야기를 나눴다. 학기 초 승연이는 속을 어지간히 썩인 아이였다. 그런데 우연히 생활기록부에서 승연이의 꿈을 발견하게 되었다. 요리사. "식품영양학과는 문과가 아니야, 이과란다." 승연이의 눈이 반짝거렸다. 선생님은 승연이 손에 프린트를 쥐어주며 보충수업을 하고 가라고 북돋운다. 그날 이후 요리사가 되고 싶은 승연이의 꿈은 진짜가 되었다.

국어교사가 되고 싶다던 우빈이의 집은 학교에서 버스로 한 시간 거리에 있다. 밤 11시까지 '스파르타' 야간 자율학습이 끝나면 버스는 이미 끊긴다. 이런 우빈이를 선생님은 매일 집까지 바래다준다.

> "사실 학교는 수면 아래로 가라앉아 있는 아이들의 꿈을 끌어내주어야 합니다. 꿈을 만들 수는 없더라도, 만들어주지는 못하더라도, 꿈을 생각할 수 있는 계기를 만들어주어야 하죠. 바로 학교의 역할입니다."
>
> — 서일고등학교 교사

방학이 코앞이지만 오늘도 선생님은 아이들의 자율학습 지도에 나선다. 점심시간, 급식을 기다리는 시간도 아까워 30분은 교실에서 공부를 한 후 식당으로 향한다. 왜 이렇게까지 하는 것일까?

선생님의 답변은 명쾌하다. '선생님'이니까. 선생님으로서 아이들의 꿈을 지켜주고 싶기 때문이다. 그 꿈을 위해 도움을 줄 수 있다면 능력이 되는 한 도와주고 싶기 때문이다. 아이들의 꿈을 위해 늘 한결같은 선생님에게 아이들은 이런 말을 전한다.

학생 1 "맨날 내 새끼네, 내 자식이네 하면서, 가르쳐야 한다고 남으세요."

학생 2 "처음에는 하기도 싫고 빨리 밥도 먹고 싶고 그랬는데 이제는 적응되니까 당연히 해야 될 것 같아요."

학생 3 "선생님이 우리한테 신경 써주시니까 저희도 그만큼 해야죠."

학생 4 "11시까지 이렇게 앉아서 한다는 것만으로도 큰 도움이 되는 것 같아요. 습관이 만들어진다고 할까요?"

 ▥ EBS 교육대기획 학교란 무엇인가

이제 아이들은 선생님의 속내와 노고를 헤아릴 만큼 훌쩍 자라 있었다. 서일고등학교의 여름방학이 시작되었다. 그간의 노력이 헛되지 않은 듯 선생님 반이 1등을 했다. 집으로 돌아가

내일의 꿈을 위해 공부에 집중하는 아이들.

는 아이들의 뒷모습을 바라보며 선생님은 학교의 의미를 되새긴다.

"아이들이 집으로 돌아가는데 굉장히 기뻐서 가더라고요. 그 모습을 보면서 학교에 올 때도 저렇게 기쁘게 올 수는 없을까 생각했어요. 어떻게 보면 학교는, 아이들의 재능을 끄집어내서 그들이 진짜 이 사회의 구성원으로서 당당하게 살아갈 수 있도록 디딤판 역할을 해줘야 한다고 생각해요. 학교가 아이 한 명이라도 놓치지 않는 촘촘한 그물이었으면 좋겠습니다."

"선생님은 아이들에게 줄 수 있는 게 많아서 눈빛 하나, 말 하나로도 꿈을 줄 수 있어서, 선생님이어서 항상 가슴이 먹먹합니다."

아이, 부모,
학교의 트라이앵글

우리 아이들은 행복하지 않다

　매년 한국 방정환재단은 초등학생을 포함한 청소년 5천여 명을 대상으로 행복지수를 조사한다. 그런데 우리나라의 어린이, 청소년의 삶의 만족도는 3년 연속2009~2011 OECD 국가 중 꼴찌다. 2010년 조사에 따르면 '삶에 만족한다'는 대답은 겨우 50%를 넘어섰고, 이는 OECD 22개 국 중 가장 낮은 수치였다. 세계적인 교육 강국으로 손꼽히는 네덜란드는 94%가 삶에 만족한다고 답변해 1위를 차지한 바 있다. 2011년 조사에서도 한국 어린이, 청소년의 행복지수는 여전히 바닥이었다.

　성인의 행복지수 측정 결과 역시 마찬가지다. 2010년, OECD가 34개 국 대상으로 실시한 행복지수에서 우리나라는 종합 26위로 하위권에 머물렀다. 주거, 소득, 고용, 교육, 건강, 안전, 생활 만족도 등 총 11개

항목으로 이루어진 평가에서 한국은 교육에서만 3위를 차지했을 뿐 다른 부분에서는 중하위권을 차지했다.

왜 우리 아이들은 행복하지 않은 것일까? 많은 전문가들은 학습 스트레스를 주요 원인으로 꼽는다. 과도한 학습 시간과 입시 경쟁으로 인한 스트레스가 아이로부터 행복할 자유를 빼앗는다는 것이다. 보다 근본적인 문제는 아이를 양육하는 부모들 역시 행복하지 않다는 것일지도 모른다.

'공부 열심히 해라. 왜요? 좋은 대학 가야지. 좋은 대학 가면 뭐가 좋은데요? 좋은 직장 얻어서 돈 많이 벌어야지. 돈 많이 벌면 좋은가요? 그럼 물론이지, 돈이 최고란다.' '공부＝돈'이 되어 가는 세상은 우리가 만들어가는 지도 모른다.

공부하는 이유가 배움에서 오는 순수한 즐거움, 잠재력의 발견, 자아실현 등이 아니라 사회적 성공을 위한 발판이어야 한다는 것을, 아이들이 공감할 수 있을까? 행복의 의미를 모르는 어른들이 앞장서서 교육의 본질을 왜곡시키고, 결국 학교의 의미를 퇴색시켜버린 건 아닐까?

부모는 언제나 갈등만 한다

물론 부모들도 사회적 성공을 거머쥐기 위해 너무 일찍부터 경쟁에 돌입하는 아이들을 가엾게 여긴다. 우리나라에서 태어난 것을 한탄하며 경제적으로 뒷받침해줄 수 없으면 못난 부모가 된 듯한 자책감에 빠진다. 좋은 대학을 나와야만 인정받고 성공할 수 있는 우리나라의 사회

구조와 분위기를 탓한다.

그러면서도 내 아이가 뒤처져서는 안 된다는 욕심도 부려본다. 부모의 능력이 되는 한 최대한 지원해주고 싶어 한다. 고가의 영어 유치원은 물론 어학연수, 고액 과외 등 경제력과 정보력을 총동원해 아이의 학습 매니저가 되어준다.

아이의 재능이나 소질, 능력, 꿈 등은 제쳐두고, 부모의 계획대로 아이를 다그치게 된다. 부모의 욕심과 달리 아이가 뒤처지더라도 한 동안 포기하지 못한다. 부모의 자식 사랑을 의심해서는 안 된다. 이 모두가 아이의 행복을 위한 것이다.

경제학자인 밀턴 프리드먼Milton Friedman은 '샤워실의 바보A fool in shower'라는 말로 경제 정책을 비꼬았다. 우리는 샤워를 할 때, 따뜻한 물이 나오도록 하기 위해서 몇 번이나 뜨거운 물과 차가운 물을 오가면서 수도꼭지를 돌리게 된다.

적정 온도를 맞추기 위해 몇 차례의 시행착오를 겪어야 하는 것처럼, 정책의 시차를 고려하지 못해 시장 반응에 사후 대처하는 것. 이를 샤워실의 바보들이나 하는 실수라고 지적한 것이다. 이러한 '샤워실의 바보' 비유는 우리의 교육에도 적용해볼 수 있다.

아이를 키울 때 부모의 모습도 '샤워실의 바보'와 크게 다르지 않다. 부모로서 내 아이의 상황을 판단하지 못하고, 입시 제도나 사교육 시장의 마케팅에 우르르 휩쓸려 다닌다. 자녀양육에 대한 소신이나 원칙도 없이 이리저리 흔들릴 뿐이다.

아이들이 학교에 안주하지 못하는 이유 중 하나는 원칙과 소신 없는 부모에 의해 아이들의 삶이 좌지우지되는 때문인지도 모른다. 사교육

열풍과 입시 경쟁 속에서 부모의 일관성 없는 양육 태도는 학교에 대한 아이의 신뢰를 무너뜨릴 수 있다. 아이의 행복이 사회적 성공에 달려 있다는 부모의 잘못된 믿음도 아이의 잠재력을 사장시킬 수 있으며, 꿈과 희망을 변질시킬 수 있음을 간과해서는 안 된다.

누가 '학교의 위기'를 말하는가

학교에서 꿈을 잃은 아이, 자녀양육에 있어 원칙과 소신이 없는 부모, 권위를 잃어버린 교사, 그리고 입시 경쟁 속에서 사교육의 위세에 주눅 든 학교. 공교육의 위기는 우리 사회 전반에 침잠해 있다.

학생, 부모, 교사, 모두가 학교의 위기를 말하지만, 그 위기를 어디서부터 타계해야 할지 선뜻 답을 제시할 수 있는 쪽은 없다. 학생 – 부모 – 교사_{학교}로 이루어진 트라이앵글. 한쪽만을 탓하다간 해결점을 찾기는커녕 제자리걸음만 할지도 모른다. 부모, 교사, 학생, 우리 모두가 학교의 위기를 말할 수는 있으되, 이것이 서로에게 상처가 되어서는 안 된다.

가장 이상적인 그림은 학교_{교사}가 공교육의 주체가 되고, 가정_{부모}은 공교육을 떠받치는 든든한 토대가 되는 것이다. 올바른 토양 속에 아이가 학교와 부모를 신뢰하고 더불어 자신의 꿈을 키워 나간다면, 학교의 위기는 사라질 수 있지 않을까?

물론 학벌 지상주의가 팽배한 사회 분위기가 달라지는 데에는 더 많은 노력과 오랜 시간이 필요할 것이다. 그럼에도 정부가 개입하여 바람직한 교육정책을 마련하고, 사교육 시장 역시 안정화된다면 우리는 기대를 걸어 볼 수 있을 것이다.

　부모, 교사, 학생, 각자의 입장은 다르지만, 트라이앵글의 한 지점처럼 각자의 중심을 잡고 바로 설 때 우리의 교육은 아름다운 울림이 있을 것이다. 목표는 하나이기 때문에 마음과 머리를 맞대고 골몰할 일이다. 우리 아이들이 행복한 꿈을 키워 나갈 수 있는 학교, 이것이 바로 우리의 목표다. 모두가 행복한 학교를 위해 노력하는 선생님들과 학교가 있기에 아직 우리 교육에 희망은 있다.

전국 초·중·고등학교 11,233개

그곳에 7,470,883명의 아이들이 있다.

7,470,883명의 아이들이

학교에서 마음껏 숨 쉴 수 있었으면 좋겠다.

학교와 멀어지는 아이, 왜 그럴까

아이가 평소 학교 가기 싫다고 투정 부리거나, 아침마다 칭얼거린다면 어떻게 대처해야 할까? 윽박질러서라도 보낼까, 아니면 못 들은 척 무시해야 할까? "학교 가기 싫다"는 말에 담긴 아이의 속마음을 대표적인 사례로 알아보고, 그에 따른 부모의 올바른 대처법을 살펴보자.

1. 학습 스트레스에 지친 경우

여러 경우의 수를 생각해볼 수 있지만, 가정 먼저 떠올릴 수 있는 것은 학습에 대한 중압감과 그로 인한 피로감이다. 초등 고학년의 경우, 갑자기 어려워진 학습 난이도, 늘어난 과목과 수업 시간, 하루 3~4곳 정도 다녀야 하는 학원, 집에서도 계속되는 숙제 등으로 지치게 마련이다. 게다가 부모가 '1등 해라' '100점 맞아라' 등 성적과 관련된 부담을 계속 심어줄 경우 아이는 학교를 거부할 수 있다.

➡ 아이가 스스로 공부한다면 더할 나위 없이 좋겠지만, 실제로 부모는 아이에게 공부하라는 잔소리를 달고 살게 된다. 그리고 아이의 시간을 빈틈 없이 부모의 스케줄대로 조종하려 든다. 자연히 아이 개개인에 따라 부모를 잘 따를 수도 있고, 엇나갈 수도 있다. 설령 아이가 부모 뜻대로 잘 따라준다 해도 아이가 공부하는 이유는 '부모를 기쁘게 하기 위해, 착한 아이가 되기 위해, 칭찬받기 위해' 등 부모를 위한 것이 되고 만다.

이런 마음은 아이가 사춘기가 되었을 때 부모에 대한 반발심으로 작용할 수도 있다. 즉 나는 '왜 공부해야 하는가'에 대한 명확한 동기가 없는 상태에서 부모가 학습을 강요한다면 이는 결과적으로 아이에게 스트레스가 되고 만다는 것이다. 가장 우선해야 할 것은 아이가 '내 꿈을 이루기 위해', '내가 하고 싶은 일을 하기 위해' 공부할 수 있도록 동기를 부여해주는 일이다.

또한 스트레스를 해소할 기회도 자주 갖는 것이 좋다. 확실히 요즘 아이들은 예전에 비해 너무 많은 시간을 학습에 할애한다. 아이가 지나치게 많은 시간을 학습에 매달리지 않도록 하는 것도 부모의 몫이다. 하루 스케줄에서 최소한 아이가 좋아하는 놀이나 취미활동을 할 수 있는 시간, 수면 시간 등을 적절히 안배하도록 한다. 주말에는 야외에서 체험학습을 한다든가, 가족 나들이를 하고 축구, 수영, 농구 등 신체활동을 통해 스트레스를 발산할 수 있는 기회를 선사한다.

2. 친구 관계에 문제가 생긴 경우

평소 아무 일 없이 즐겁게 학교생활을 하던 아이가 갑자기 학교 가기 싫다고 하는 경우도 있다. 학년이 바뀐 지 얼마 되지 않아 지나가는 말처럼 그런 말을 꺼낸다거나 평소 자주 꺼내던 친구 얘기를 갑자기 하질 않는다거나, 매일 놀러오던 친구가 갑자기 발길을 뚝 끊었다거나, 엄마가 친구 이야기를 물어봤을 때 대충 얼버무린다면 아이의 친구 관계에 대해서도 한번 짚어볼 필요가 있다.

➡ 고학년이 되면 친구가 아이에게 가장 중요한 존재가 된다. 마음 맞는 친구들끼리 또래집단을 형성하여 좋아하는 놀이를 함께 하고, 같은 은어를 쓰며, 몰려다니는 경향을 보인다. 만약 이런 집단에서 소외되거나 따돌림을 받는다면 아이는 소외감을 느끼고 학교 가는 일을 버거워할 수 있다. 아이에 따라서는 친구가 필요 없다며 오히려 대인관계에서 소극적인 태도를 가질 수도 있다.

대인관계는 아이의 사회성은 물론 정서, 두뇌 발달에도 영향을 미치는 중요한 수단이다. 만약 아이가 친구 문제로 학교 가기를 꺼린다면, 우선은 아이에게 친구와 있었던 일에 대해 물어보고 어떻게 하면 관계를 회복시킬 수 있는지에 대해 조언한다. 이때 아이에게 "네가 그렇게 행동하니까 친구가 그러지?"라든가 "누가 너한테 그러면 좋아?"라는 식의 비난은 삼간다. 가장 먼저 내 아이의 입장을 공감해주고, 그다음에 어떻게 감정이나 의견을 전달하고 행동하는 것이 좋은지 일러주도록 한다. 집에서 아이가 자신의 의견을 말할 기회를 많이 만들어 주는 것도 효과적이다.

평소 아이와 함께 새로운 경험을 자주 하는 것도 필요하다. 부모가 옆에 있다는 것만으로도 아이는 낯선 사람, 낯선 곳에서의 경험을 차분하게 받아들일 수 있다. 또한 아이가 차근차근 대인 관계의 폭을 넓혀갈 수 있도록 이끌어준다. 친척 모임이나 경조사, 가족캠프 등 아이가 사회적 관계를 맺을 수 있는 장소에 자주 데려간다.

단 아이가 따돌림 당하는 경우라면 사정이 다르다. 최근 아이의 옷이 자주 뜯겨 온다거나 늦게 귀가하는 일이 잦고, 늘 축 처져 있다가 무단결석까지 한다면 심도 깊은 상담과 전문적인 대처가 필요하다.

3. 게임의 유혹에 빠진 경우

아이를 혹하게 하는 대표적인 경우가 게임 중독이다. 아이들에게 학교생활은 어렵고 힘든 일상일 수도 있다. 이때 유혹이 있으면 아이들은 그것을 절제하거나 자제하지 못하고 거기에 몰입해버릴 수 있다. 게임하느라 학교도 안 가고 PC방에서 시간 때우는 아이들도 있고, 밤새 게임하고 아침마다 지각하거나 수업 시간에 조는 아이들도 많다. 심각한 경우 히키코모리_{은둔형 외톨이}가 되어 방 안에 틀어박혀 지내며 자신만의 가상 세계에 머무르게 된다.

➡ 어른들도 종종 힘든 상황에 직면하면 현실을 도피하고 싶다. 아이들 역시 마찬가지다. 정서적으로 안정되지 못하고 의지가 부족한 아이들은 게임에 빠져들어 현실을 도피하게 된다. 부모가 가장 먼저 해야 할 일은 아이를 힘들게 하는 원인을 파악하는

것이다. 그것은 가족 간의 불화일 수도 있고, 경제적 어려움 때문일 수도 있으며, 학업 부진이나 대인관계의 어려움 탓일 수도 있다. 하지만 원인을 알았다고 해서, 아이를 당장 일상으로 되돌리기는 어렵다.

부모는 너무 서두르지 말고 아이의 입장을 공감하면서 기다려주는 자세가 필요하다. 아이를 윽박지르거나 강제적으로 교정하려 할 경우, 아이는 더더욱 삐뚤어질 수 있다. 부모가 열린 마음으로 아이의 입장을 이해해주고 서서히 바른 길로 끌어내려는 노력을 해야 한다.

가장 먼저 해볼 수 있는 것은, 부모와 아이간의 친밀감을 높이도록 노력하는 일이다. 전문가들은 부모와의 유대감이 적을수록 게임 중독에 빠지기 쉽다고 말한다. 아이와의 공통 관심사를 찾아 함께 즐길 수 있는 것은 없는지 찾아보도록 한다.

만약 아이가 온라인 게임에 빠져 있다면, 같은 게임을 즐기는 친구를 집으로 초대해 함께 즐기도록 한다. 가급적 게임하는 것을 부모에게 노출시킬 수 있도록 하는 것이 좋다. 또래와 즐길 수 있는 다양한 놀이나 체험학습 등에 참여시키는 것도 필요하다. '게임 말고 학교공부'라는 일방적인 강요보다는 '게임 말고 다른 놀이'로 유도하는 것이 아이의 거부감을 희석시킬 수 있다.

아이가 사춘기라면 즐겨 하는 게임이나 블로그, 홈페이지 만드는 법 등 컴퓨터 사용과 관련된 것을 가르쳐달라고 하는 것도 좋다. 만약 부모의 노력으로 고쳐지지 않을 정도의 심각한 중독이라면, 전문가의 도움을 받도록 한다. 한국정보화진흥원 www.iapc.or.kr 사이트에서는 아동과 청소년의 게임 중독 진단 및 상담이 가능하다.

Part 2

학교를
바꾸는
좋은
선생님의 자격

사람들은 말합니다.

교사의 권위가 땅에 떨어졌다고.

이것이 학교의 위기를 가져왔다고.

선생님을 향한 세상의 시선은 차가워졌습니다.

'교사가 변해야 교육이 변한다'

'교사가 학원 강사에 졌다'

'스승'이라 불리던 선생님들의 어깨는

축 처질 수밖에 없었습니다.

하지만 아이들이 마음껏 웃을 수 있는 교실,
자신의 잠재력을 재능으로 꽃피울 수 있는 교실.
그런 교실을 만들기 위해 이제 선생님들이 달라지려 합니다.
튼튼한 뿌리를 내릴 수 있는 토양이 되고자 합니다.

아이들에게 더 좋은 선생님이 되어주고자
새로운 도전을 시작합니다.
용기 있는 선생님들의 도전,
그 첫걸음에 따뜻한 응원을 보냅니다.

Chapter 1

학교 그리고 선생님

교사, 학교에서 추락하다

지난해 경기도 교육청은 도내 초중고생 66만여 명을 대상으로 온라인 설문조사를 실시했다. 질문 중 하나는 '학교에 존경하는 선생님이 있는가'였다. 어린 시절 우리에게 '선생님'은 남몰래 흠모하던 대상이기도 했고, 장래희망란에 한번쯤 적어보았던 인기 직업이기도 했다. 우리 아이들은 그 질문에 뭐라고 대답했을까?

결과는 다소 충격적이었다. 설문에 참여한 학생들의 60.4%가 존경하는 선생님이 '없다'고 답했다. 10명 중 무려 6명이 선생님을 존경하지 않는다고 답한 것이다. 더 이상 존경받지 못하는 선생님. 선생님의 권위가 땅에 떨어졌다고 어른인 우리는 한숨을 쉰다. 우리 어릴 때는 스승의 그림자는 밟지도 않았다며, 아이들에게 잔소리를 해보지만 공감을

선생님은 현재 어디에 있는가.

얻지는 못한다.

매스컴에서는 인격모독, 언어폭력, 과잉 체벌, 촌지 요구, 성추행 등을 행한 일부 교사들에 대해 보도했고, 학부모들은 교사의 자질에 대해서 성토했다. 언제부턴가 세상은 선생님을 향해 차가운 시선을 보내게 되었다. 이제 사람들은 아이들이 학교를 싫어하는 것이 '선생님 탓'이며, 더 이상 학교에 선생님다운 선생님이 없기 때문이라고 떠든다.

또다른 설문조사는 선생님을 더욱 작아지게 만들었다. 한국교육개발원은 전국 6천 6백여 명의 고등학생에게 학교 교사와 학원 강사의 능력에 대해서 평가하도록 했다. 평가 항목은 수업에 대한 열의, 교과 전문성, 변화된 입시정책의 수업 반영도, 학생에 대한 이해도 등이었다.

학생들은 모든 항목에서 학교 교사보다 학원 강사에게 높은 점수를 주었다. 그중 38%는 학교 수업이 학원 수업에 비해 지루하다고까지 말했다. 설문조사 결과가 언론에 보도되자 교육계는 술렁이기 시작했다. 교육 전문가들은 이 설문조사를 앞세워 교사 개혁 없이는 공교육 불신을 절대 깨지 못할 것이라는 경고까지 했다.

하지만 여전히 선생님이 희망이다

우리 선생님들은 정말 형편없는 것일까? 자신은 굶어가면서 학생에게 도시락을 건네던 선생님은 이제 없는 것일까? 사비를 털어 궁핍한 아이들에게 공책과 연필을 사주고, 등록금을 몰래 내주던 선생님, 수업이 끝난 후 학업 능력이 부족한 아이들을 모아 공부를 봐주던 선생님은 정말 없는 것일까?

2010년 3월, EBS 제작진은 '우리 선생님이 달라졌어요'라는 프로젝트 참가자를 모집하는 광고를 냈다. 모집 대상은 '자신을 좋은 교사라고 생각하지 않는 교사'였다. 수업 기술이 부족하다거나, 아이들과의 관계가 어렵다거나, 교사라는 자부심을 느끼지 못하는 선생님이 대상이었다.

응모자 중 5명을 선정하여 교실 현장을 촬영 분석하고 교수법 전문가, 감정 코칭 전문가, 교육학자, 수석교사 등과 함께 더 나은 선생님이 될 수 있도록 도와주겠노라고 했다.

제작진은 혹시나 모집 광고가 외면당하지 않을까 걱정했다. 하지만 예상과 달리 반응은 뜨거웠다. 게시판에 모집 광고가 올라가자마자 문의전화가 빗발쳤다. 모집 광고 이후 응모원서를 낸 교사는 3월 한 달 동안만 52명에 이르렀다. 선생님들은 하나

2010년 3월에 실시한 '우리 선생님이 달라졌어요' 프로젝트

같이 창피하고 두렵지만 더 좋은 교사가 될 수 있는 기회를 놓치고 싶지
않다고 말했다.

수업은 자신 있지만 아이와의 관계가 어렵다는 선생님, 아이는 너무
사랑하지만 교사로서의 자부심을 느낄 수 없다는 선생님, 아이를 이해
하고 싶은데 방법을 모르겠다는 선생님, 아이들에게 꿈을 심어주는 교
사가 되고 싶다는 선생님 등 그 이유도 다양했다. 오랜 경력을 지닌 초
로의 선생님부터 이제 막 초보 딱지를 뗀 젊은 선생님까지, 나이 또한
제한이 없었다.

'우리 선생님이 달라졌어요' 프로젝트에 참여할 수 있는 선생님은 5
명이었지만, 자신의 치부를 드러내면서까지 스스로 변하고 싶어 하는
선생님들의 마음이 궁금하여, 제작진은 그 모두를 만나보았다.

많은 선생님들은 인터뷰 도중 눈물을 흘렸다. 처음 선생님이 되었을
때 자신이 생각했던 모습은 지금의 모습이 아니라며 눈물을 보이는 선
생님도 있었고, 지금까지의 교사생활을 쭉 훑어보며 반성하고 사죄를
구하는 선생님도 있었다. 어떤 선생님은 한참을 울고 난 후에 "속이 후
련합니다. 감사해요. 어제보다는 더 좋은 교사가 될 수 있을 것 같아요"
라고 말했다.

과연 교사 외에 어떤 직업군에서 이런 반응이 나올 수 있을까? 소명
의식이 없고서야 자신이 아이에게 했던 말이나 교사답지 못했던 행동
을 돌이켜보며 이렇듯 폭풍처럼 눈물을 흘릴 수 있을까? 인터뷰에 참여
한 선생님들의 비슷한 반응에 제작진은 그들이 얼마나 변하고 싶은지,
그 절실한 마음을 알 수 있었다.

제작진은 '우리 선생님이 달라졌어요' 프로젝트에 참가 신청한 선생

더 좋은 교사가 되기 위해 모인 5명의 선생님들.

님 중 최종 5명을 선발하여 좋은 교사가 되기 위한 6개월간의 프로젝트에 들어갔다. '우리 선생님이 달라졌어요'에 참여한 3명의 전문가 중 한 사람이자 교수법의 세계적인 권위자인 조벽 교수조차 선생님들의 적극적인 반응에 깜짝 놀랐다.

"처음 교사 코칭 프로그램을 한다고 전화를 받았을 때, 사실 저는 회의적이었어요. 왜냐하면 전 국민 앞에서 자기의 수업하는 모습이 완전히 발가벗겨지는 것이기 때문에 아마 대다수 분들이 용기를 내지 못할 것이라고 생각했거든요. 그런데 이렇게 많은 분이 신청을 하셨다니 너무나 놀라웠습니다. 많은 선생님들이 스스로 참여하고자 했다는 것 자체가 우리 모두에게 희망이라고 생각합니다."

Chapter 2

냉정한 수업 분석,
선생님의 눈물

다섯 선생님의 도전

2010년 4월, 제작진은 프로젝트에 최종 선발된 선생님 5명의 교실 곳곳에 카메라 4대를 설치했다. 수업 분석을 위한 촬영을 위해서였다. 교육학에서는 이것을 '마이크로 티칭Micro Teaching' 기법이라고 한다.

선생님들의 수업 분석을 위한 마이크로 티칭 기법을 도입했다.

촬영을 통해 교사의 판서, 목소리, 시선, 동선 등을 관찰하고 학생들의 반응을 담게 된다. 수업 중에 일어나는 작고 사소한 일들까지 모두 촬영하여 수업의 장단점을 파악하고 수업 개선의 기회를 제공하는 것이다. 5명 선생님들의 옷깃에 목소리를 녹음하는 마이크가 꽂히고, 교실 곳곳에 카메라가 설치되자 적잖이 당황하는 기색이었다.

미국 UCLA대학의 사회심리학자 앨버트 메라비언Albert Mehrabian 교수는 내용을 말로 전하는 효과는 7%에 불과하고 나머지 93%는 비언어적 요인들이 좌우한다는 연구결과를 발표한 바 있다. 마이크로 티칭은 메라비언 교수의 연구결과에 입각한 교수법으로, 좋은 수업은 가르치는 내용보다 교실에서 선생님이 어떻게 움직이고 어떤 눈빛과 목소리로 말하고, 어떤 표정을 짓고 행동하는지가 좌우한다는 것을 말해준다. 5명의 교사들은 마이크로 티칭 기법에 의해 촬영된 수업 장면으로 한 달 후 전문가들에게 분석을 받을 것이다.

수업 분석은 물론 교수법을 어드바이스 해줄 전문위원단에는 교수법의 세계적인 권위자 조벽 교수, 감정 코칭 전문가 최성애 박사, 숙명여자대학교 교육학과 이재경 교수가 참여했다.

사실, 선정된 5명의 선생님들은 처음에는 자신의 수업 공개를 그렇게 두려워하지 않았다. 프로젝트를 기획할 당시 전문가들이 걱정했던 것과는 달리 자신만만해 하는 듯도 했다.

5명의 선생님 중에는 자신이 선정된 것이 의외라는 선생님도 있었다. 그들은 더 좋은 선생님이 되기 위해서 프로젝트에 참여하는 것이지, 자신이 문제가 많은 선생님이기 때문에 참여하는 것은 아니라고 생각했다. 출발은 이러했다.

  EBS 교육대기획 학교란 무엇인가

수업 기술, 교사의 기본이다

"수업을 하다 보면 지루해지고 무언가 재미없는 것 같다고 제 자신이 느꼈어요. 재미있는 수업을 하고 싶다, 아이들과 서로 웃으면서 즐겁게 소통하는 수업을 하고 싶다는 마음이 컸어요."

– 중학교 3학년 국어교사 김세종(남, 가명)

언제나 싱글벙글 미소가 매력인 중학교 3학년 국어 담당 김세종 선생님은 촬영날도 여느 때와 마찬가지였다. 제작진은 선생님이나 반 아이들이 지나치게 긴장하지 않도록 촬영 시간보다 2시간 일찍 카메라를 설치했다. 아이들은 제작진을 보고 한마디씩 선생님에게 질문을 했고, 선생님은 작은 질문에도 친절히 답해주었다.

드디어 촬영이 약속된 수업 시간. 선생님은 약간은 멋쩍은 표정을 지으며 교실로 들어섰다. 그리고 4월의 어느 날, 김세종 선생님은 3명의 전문가 앞에 앉았다.

| 김세종 선생님의 강점 : 미소와 마음가짐 |

수업이 시작됐지만 아이들은 여전히 이야기를 하고 있거나 엎드려 자기도 했다. 김세종 선생님은 아이들이 수업 준비가 될 때까지 입가에 미소를 지으며 서 있었다. 그동안 앞자리에 앉은 아이들이 실없는 농담을 걸고, 선생님은 장난치듯 대답했다.

누가 보아도 아이들과의 관계가 무척이나 좋아 보였다. 제작진은 담임으로서 선생님에 대해 어떻게 생각하는지 학급 아이들에게 물었다. "엄청 좋아요.” “완전 착해요.” “재미있어요. 편하게 해주시려고 항상 노력하세요.” “친절하고 상담을 잘해줘요.” “다른 선생님들과는 다르게 저희 마음을 많이 이해해주세요.” 아이들의 대답이었다.

조벽 교수는 김세종 선생님의 모습을 보고 이렇게 말했다. “선생님의 최대 장점은 미소와 웃음을 잃지 않는다는 것이군요. 교실에서 어떤 상황이 벌어져도 그것을 잃지 마세요. 그것이 선생님이 가진 최고의 강점이에요.”

선생님은 아이들을 대하는 내내 미소와 웃음이 있었다. 전문가들은 김세종 선생님의 장점으로 세 가지를 꼽았다. 첫째는 미소와 웃음을 잃지 않는 온화함, 두 번째는 아이들과의 상호작용을 위해 끊임없이 노력하는 태도, 세 번째는 아이들에게 먼저 친근하게 다가가서 반응한다는 것이었다. 김세종 선생님은 교사로서 가장 바람직한 마음가짐을 가지고 있다는 평이었다.

| 김세종 선생님의 문제점 : 수업을 이끄는 기술 |

김세종 선생님은 종종 수업을 빨리 끝냈다. 촬영날도 수업이 32분 만에 끝났다. 선생님은 연신 손목시계를 들여다봤다. 팔짱을 끼고 교탁 앞에 서서 앞자리 아이들과 이런저런 이야기를 나누었다. 그때 뒷자리의 아이 하나가 큰 소리로 “선생님, 노래 불러주세요”라고 말했다. 김세종 선생님은 미소 지으며 기다렸다는 듯이 노래를 시작했다.

선생님이 어색하게 노래 부르는 동안 아이들은 멋쩍어하면서도 좋아하고 자신들의 말도 안 되는 요구에도 항상 귀 기울여주는 선생님의 노력에 고마워하기도 했다. 하지만 곧 전문

세계적인 교수법의 권위자 조벽 교수의 날카로운 지적.

가의 날카로운 지적을 듣게 되었다. 전문가 한 명이 질문을 던졌다. "노래는 왜 부르신 거예요?"

김세종 선생님은 예상치 못한 질문에 표정이 굳어졌다. "그때 수업 주제가 너무 딱딱한 것이라 아이들을 풀어주는 의미에서……." 선생님은 대답을 얼버무렸다. 45분 중 선생님의 수업은 32분 30초 만에 끝났다. 선생님은 아이들을 위해 노래를 불렀다고 말하지만, 제3자가 보기에는 준비한 수업이 빨리 끝나 남은 12분 30초를 때우기 위해 노래를 부른 것으로 보였다.

전문가는 선생님이 아이들 앞에서 노래 부른 것을 탓하는 것이 아니라, 수업 중 시간 안배나 수업 계획에 문제가 있다고 판단했다. 수업 중 선생님의 모든 행위에는 교육적인 의도가 있어야 한다.

전문가들은 그 시간에 퀴즈나 수수께끼, 학생들끼리 안락사에 대한 의견을 비교 발표하게 했어야 한다고 지적했다. 또한 추상적인 주제를 다룰 때는 관련 사진이나 비디오를 영상자료로 활용하는 것이 호기심을 자극하고 수업에 대한 동기 부여가 쉬운데, 김세종 선생님의 수업에는 그것이 부족했다는 지적도 있었다.

수업을 마무리할 때도 그날 수업의 요점에 대해서 요약해준다든지, 나아가 다음 번 수업을 예고한다든지 하는 식의 확실한 마무리가 있어야 한다고도 지적했다. 지금까지 자신의 수업이 별로 나쁘지 않다고 생각해 온 김세종 선생님은 전문가들의 쉼 없는 지적에 말문을 잃었다.

그런데, 그게 끝이 아니었다. 김세종 선생님은 수업 시작부터 끝까지 판서에 의존했다. 빠르게 수업 내용을 적다보니 글씨는 날아가는 듯 흐릿했다. 아이들도 필기를 하느라 수업 내용을 별로 듣지 못하는 상태. 뒷자리에 있는 아이들은 칠판 글씨가 잘 보이지 않아 아예 필기를 포기했다. 판서에 의존하다 보니 선생님의 동선은 수업 내내 칠판 앞에 머물러 있을 뿐 그 이상 나아갈 기미가 없었다.

| 김세종 선생님에 대한 아이들의 평가 |

수업에 대한 아이들의 생각은 어떨까? 제작진은 몇몇 아이들을 인터뷰했다.

"계속 이야기만 하시고 진도만 나가니까 지루해요."

"목소리가 나긋나긋해서 졸려요." "수업 시간에 딴 이야기를 많이 해요"

"선생님이 좀 더 활발하게 수업했으면 좋겠어요. 축 처져요."

"목소리가 너무 작고 잘 안 들려서 수업에 집중을 못하겠어요."

"칠판 글씨가 날림이라 필기를 하기 어려워요."

"설명만 하시지 말고 수업자료가 좀 풍부했으면 좋겠어요."

수업에 대한 아이들의 평가. 김세종 선생님은 아이들의 말을 듣자 눈가에 눈물이 맺히기 시작했다. 평소 가깝다고 생각한 아이들이 모두 나에 대해 이렇게 생각하나 싶어 서글퍼졌다. 전문가들 또한 아이들이 지적한 문제점들을 말했다.

첫 번째 문제는 수업의 전체적인 느낌이 지루하다는 것. 아무리 수업 내용이 좋아도 지루하다는 생각이 들면, 학습자는 뒤로 물러나기 때문에 좋은 내용을 전달할 수가 없다.

두 번째는 '목소리'. 목소리의 고저, 강약이 없다 보니 아이들이 수업에 집중할 수 없다는 것. 말끝을 흐리는 것도 고쳐야 할 점이었다.

세 번째로 수업 중에 '자문자답'하는 부분이 많다는 것. 아이들이 대답을 해도 누가 대답했는지, 적절한 답인지 체크하지 않고 그냥 넘어가다 보니 수업에 참여하는 아이만 참여하고 그렇지 않은 아이들은 아예 포기해버렸다.

네 번째는 '몸동작'이었다. 팔짱을 끼거나 한 손을 바지 주머니에 찔러 넣고 수업하는 것. 그리고 수업할 때 허공이나 아예 다른 곳을 쳐다보며 아이들과 눈을 맞추지 못한다는 것도 문제였다. 이런 행동 역시 수업에 집중하는 것을 방해했다.

다섯 번째는 '동선'이었다. 김세종 선생님의 동선은 칠판 앞에서 좌우로 조금씩 왔다 갔다 하는 것이 전부였다. 뒷자리에 앉은 아이들이나 딴짓을 하는 아이들까지 집중시키려면 교실 뒤까지 움직이는 것이 필요하다는 지적이었다. 수업 내용을 모두 판서에 의존했기 때문에 생긴 문제였다. 판서를 할 때도 칠판 너무 아랫부분까지 판서를 하는 것은 주의해야 한다고 조언했다.

생각보다 치밀한 전문가들의 지적. 전문가들은 선생님의 힘들어하는 모습에 잠시 고민했지만, 그렇다고 왜곡된 정보를 말할 수는 없었다.

김세종 선생님은 전문가들의 지적을 겸허히 받아들었다. 억울한 마음도 들었지만, 전문가의 말은 모두 옳았다. 어쩌면 자신도 이미 문제점을 알고 있었지만 개선하고자 노력하지 않은 것이라고 생각했다. 사실 김세종 선생님의 마음을 아프게 한 것은 전문가의 세세한 지적보다는 아이들이 자신에게 내린 평가였다.

잘 가르치는 게 전부가 아니다

"학원 선생님보다 잘 가르쳐야겠다는 생각에 주입식 교육만 하고 있었던 것 같아요. 나만 신나서 널뛰는 선생님 말고 아이들이 진짜로 인정해주는 선생님, 20~30년 후에도 아이들이 믿고 따르고 싶은 선생님이 되고 싶었어요."

– 중학교 1학년 과학교사 오유진(여, 가명)

정말 수업을 잘한다면, 잘 가르친다면 모든 것이 완벽한 걸까? 현재 교사 4년차로 중학교에서 과학을 가르치는 오유진 선생님은 학교에서도 아이들 사이에서도 잘 가르치는 선생님으로 통한다. 하지만 선생님은 별로 행복하지 않다.

가르치는 데는 문제가 없으나 생활지도면이나 아이들과의 관계에서 자꾸 부딪히기 때문이었다. 선생님은 제작진과의 사전 인터뷰에서 항상 아이들보다는 자기 위주로 모든 것을 진행하는 것 같아 걱정인데, 고치려고 해도 잘 고쳐지지 않는다고 했다.

수업이 시작되자 교실로 들어선 오유진 선생님. 행동과 말투에는 열정과 자신감이 넘쳤다. 칠판에 학습목표부터 또박또박 적으며 학습목표에 대한 설명부터 시작했다. 판서를 하는가 싶더니 멀티미디어를 활용해 아이들에게 볼거리를 제공했다. 수업 사이사이 적절하게 아이들에게 질의응답하는 시간을 가졌다.

아이들은 초롱초롱한 눈빛으로 오유진 선생님의 수업에 집중했다. 수업을 진행하는 목소리는 강약, 고저, 장단도 확실했다. 정말 반 아이 중 단 한 명도 한눈을 파는 아이가 없었다. 45분은 훌쩍 지나갔다. 제작진은 아이들을 인터뷰했다. 아이들은 "잘 가르쳐요." "참 재밌게 수업하세요." "열정적으로 가르치시고, 많은 걸 해주시려고 해요"라고 말했다.

전문가들의 칭찬이 이어졌다. 전문가들은 오유진 선생님에게 "교사의 자질을 충분히 갖췄다"고 극찬했다. 더불어 "굉장히 큰 기대를 할 수 있겠다"는 말도 했다.

"선생님은 무엇보다 정말 잘 가르치시는 분 같아요. 수업의 처음부터 끝까지 자신감이 있어요. 수업구조, 운영하는 면, 도구 쓰기, 준비성 모두 돋보였어요. 수업을 장악하는 능력이 아주 뛰어나세요. 선생님은 수업을 정말로 즐기는 분 같습니다."

– 코칭 전문가 총평

오유진 선생님은 수업의 도입부에서 아이들에게 학습목표를 알려주면서 주목해야 하는 포인트를 명확히 짚어주고, 자연스럽게 아이들을 수업 속으로 안내했다. 또한 아이들의 소소한 한마디, 동작까지도 다 꿰뚫어보고 수업 중 어떤 아이도 흥미를 잃지 않도록 관리했다. 그런데 촬영한 내용을 계속 지켜보자 문제가 발견되었다. 바로 선생님의 말이었다.

| **오유진 선생님의 문제점 : 상처 주는 말** |

숙제를 검사하는 시간, 선생님은 낮고 무서운 목소리로 "숙제 안 해온 사람, 자리에서 일어나라"고 말했다. 순간 교실에는 정적이 흘렀다.

선생님은 조용히 일어난 아이 앞으로 걸어갔다. "솔직하게 얘기해. 정신을 어따 두고 다니기에……." 아이는 말이 없었다. 다른 아이들은 죄 지은 사람처럼 고개를 숙이고 있었다.

"왜, 과학이 재미가 없어요?"

"네 머릿속에 과학이 없어?"

"아니면 머릿속에 과학숙제가 박혀 있어야지. 인마."

좀 심하게 야단치는 듯 보였다. 제작진은 수업이 끝난 후 아이들에게 오유진 선생님에 대해 물었다. "막 떨려요. 손발이 오그라들어요." "장난을 잘 받아주시다가 갑자기 정색하면 무서워져요." "다혈질이에요. 조금만 마음에 안 들면 막 화를 내요." "감정 기복이 심하세요."

선생님은 전문가들과 함께 자신의 수업장면을 보고는 한 손으로 얼굴을 가리며 긴 한숨을 내쉬었다. 조벽 교수는 선생님에게 물었다. "근본적인 문제를 발견했어요. 혹시 학생들이 얼마나 불편해하고 힘들어하는지, 그것을 의식하고 계세요?"

오유진 선생님은 눈물을 뚝뚝 떨어뜨리며 아무 말도 하지 못했다. 처음으로 자신이 야단칠 때 아이들 표정을 보았다. 자신에 대한 속상함으로, 아이들에 대한 미안함으로 선생님의 눈물은 멈출 줄 몰랐다.

오유진 선생님 같은 경우는 교사 코칭에서 가장 어려운 경우다. 굉장히 잘 풀릴 수도 있고, 가장 안 풀릴 수도 있다. 왜냐면 문제는 '마음'에 있기 때문이었다.

김세종 선생님이 수업의 기술적인 면에 문제가 있었다면 오유진 선생님은 아이를 대하는 마음가짐에 문제가 있었다. 마음가짐은, 생각만으로 바로 바뀔 수 없다. 생각보다 오랜 시간을 들여야 한다. 오유진 선생님의 관심은 오로지 수업에만 있었다. 아이들의 표정, 아이들과의 관계는 관심 밖이었다. 아이들의 마음이나 생각은 안중에 없고 오로지 수업목표를 달성하는 데 집중했다.

전문가들이 첫 번째로 지적한 것은 감정에 대한 부분이었다. 수업 장면을 보고 있으면 선생님의 감정은 순간순간 급변했다. 학생 입장에서는 변별할 수도 없고 예측할 수도 없었다. 이런 경우 아이들은 믿고 마음을 열어놨다가 어느 순간 경멸이나 비난 섞인 꾸중을 들을지 모르기 때문에 선생님을 신뢰하지 못한다.

두 번째 지적한 것은 말이었다. "오셨어요?" "실망시켜주셔서 감사합니다"와 같은 표현이 아이의 상황을 비꼴 때 사용되었다. 모양은 존댓말이지만 목적은 대부분 아이를 비꼬기 위한 것이었다. 선생님의 이런 행동은 아이들을 혼란스럽게 만든다.

또 "야"라는 표현을 자주 사용했다. 이런 말을 계속 듣는다면 아이들은 존중받는다는 느낌을 받을 수 없다. 전문가들은 아이들과의 관계가 틀어진 수업은, 아무리 잘 가르친다 해도 절대 좋은 수업이 될 수 없다고 말했다.

모든 것이 상황 탓일 수 없다

"아이들과의 관계는 자신이 있었는데, 어느새 아이들에게 공감하고 서로 유대감을 갖는 것이 힘들어졌어요. 이렇게 가다가는 거의 학급이 붕괴될 것 같았어요."

– 초등학교 6학년 교사 한수아(여, 가명)

초등학교 6학년 담임인 한수아 선생님은 3년 만에 복직한 경우였다. 아이들을 마음껏 사랑하고 싶지만 실상은 아이들이 무서워 눈도 잘 마주치지 못했다. 좋은 선생님이 되고 싶지만 아이들과 가까워지는 것이 두렵고, 아이들이 하는 말이 무서웠다. 그러다 보니 아이들을 제대로 훈육하지도 칭찬하지도 못했다. 반 아이들은 통제 불능 상태. 교사라면 학생들과의 교감이 기본이지만 한수아 선생님은 엄두도 내지 못했다.

| 한수아 선생님의 문제점 : **아이들과의 관계** |

수업이 시작되자, 한수아 선생님은 "자, 손 머리 준비 됐어요? 자, 손 내리자!" 하고 구령을 외쳤다. 아이들이 조용해지자 선생님은 다양한 도구를 활용해 수업을 진행했다. 모형 쌓기도 하고, 중간에 비디오도 보고, 교과서에 있는 문제도 풀고, 판서를 하며 설명하는 등 다채로웠다.

그러다 아이들이 점점 소란스러워지자 선생님의 눈빛이 싸늘하게 변했다. 온화했던 목소리가 갑자기 커지면서 다시 한 번 "손 머리"를 외쳤다. 아이들이 손을 머리에 올리자, "손 내리고" 하며 본격적으로 수학 수업을 시작했다.

전문가들은 어떻게 보았을까? 우선 수업 진행에 대해서는 칭찬했다. 수업을 초 단위로 분석하여 굉장히 다양한 방식으로 이끌어가고 있다고 평했다. 한수아 선생님은 모형 쌓기 수업을 위해, 비디오도 보

전문가들은 좋은 수업을 위해서 우선 아이들과의 관계가 좋아야 한다고 말한다.

고 직접 모형도 쌓아보게 하고 마지막에는 퀴즈도 풀어보는 등 하나의 수업을 여러 개의 단막극으로 구성하여 짜임새 있게 전개했다.

그러나 선생님이 수업 내내 우울했으며, '손 머리'라는 구령을 자주 사용하는 점에 대해서 지적했다. 수업이 너무 분산되어 아이들이 집중하기 어려웠으며, 팔짱을 끼고 있는 자세는 폐쇄적인 느낌을 주었다고 했다. 그리고 아이들이 수업과 관련 없는 질문을 할 때 선생님의 눈빛이 아주 매서워지는 것도 지적했다.

특히 조벽 교수는 아이들이 집중하지 않을 때마다 자로 교탁을 탁탁 두드리거나 손을 머리에 올리게 하는 모습은 아이의 인격을 무시하는 행위라고 지적했다.

한수아 선생님의 문제는 '아이들과의 관계'에 있었다. 수업을 하다 보면 아이들이 선생님에게 무언가 요구하는 상황들이 발생한다. 그런데 한수아 선생님은 수업 중에 아이들이 질문을 해도, 쉬는 시간에 도움을 요청해도, 선생님이 준 과제를 하던 중 "아직 안 됐어요" "잠깐만요"라고 부탁해도 본인이 정한 일정대로 움직였다.

이렇게 되면 아이들 입장에서는 선생님이 자신을 배려하지 않는다고 생각할 수밖에 없다. 간혹 말을 들어주는 경우도 있는데, 수업 진행에 도움이 되는 몇몇 아이들에 한해서였다. 그런 경우 아이들은 선생님이 '나를 미워해' '차별대우 하나?'라고 생각할 수 있다. 한수아 선생님은 이미 알고 있었다는 듯이 고개를 끄덕였다.

"알고 있었어요. 하지만 쉬는 시간에 집중해서 처리해야 하는 업무들이 있어요. 그때 아이들이 선생님, 선생님 하면 대응을 할 수가 없어요. 그걸 붙잡고 있으면 아이들은 끊임없이 질문을 해서 수업 진행이 안 돼요."

자신에게 부정적인 지적들이 이어지자 계속 변명을 했다. "사실 제가 그때 중이염 때문에 솔직히 귀가 좀 먹먹한 상태였어요." "그날 저희 반에 특수한 일이 있어서 제 기분이 너무 우울했어요." "팔짱이오? 그날따라 너무 불편한 옷을 입었어요." "제가 봐도 제 눈빛이 무섭긴 하네요. 하지만 나름대로 카리스마를 보여야겠다고 생각해서 그렇게 한 거예요."

전문가들은 최후통첩을 하듯 말했다. "선생님, 정말 아이들에게 좋은 선생님이 되길 원하세요?" 한수아 선생님은 전문가의 물음에 멈칫했다.

전문가는 교사 코칭 프로그램은 한수아 선생님에게 아주 좋은 기회지만, 코칭을 받기 위해서는 선생님이 가진 한 가지 큰 걸림돌을 제거해야 한다고 말했다. 만약 스스로 그 걸림돌을 제거하지 않으면 아무도 선생님을 도와줄 수 없다고 했다.

"저희가 여러 상황들을 말씀드렸는데, 저는 선생님으로부터 계속해서 일관된 이야기를 들을 수가 있었어요. 모두 다 상황 탓을 하는 거예요. 상황에 대한 주인의식이 빠져 있어요. 주인인 내가 빠지면 남들이 변해야 그 상황이 좋아진다는 것인데, 내가 아무리 노력을 해봤자 달라질 것이 없잖아요? 그것이 사실이라면 저희가 도와드릴 것이 없어요."

통제가 아닌 관심이 필요하다

"저는 친구 같고 친근한 선생님이 되려고 노력을 했죠. 그런데 아이들이 수업할 때나 생활 지도할 때 말을 너무 안 들었어요. 아이들을 좀 더 잘 이끌어가는 선생님이 되고 싶어요."

— 초등학교 6학년 담임교사 서민주(여, 가명)

경력 1년, 올해 처음 담임을 맡은 새내기 교사. 초등학교 3학년 담임인 서민주 선생님은 워낙 젊다보니 아이들이 나이 많은 언니 혹은 친구 대하듯 했다. 영어 과목만 전담할 때는 그것이 나쁘지 않았다. 아이들의 친구 같다는 평가가 마음에 들었다.

학기 초 담임을 맡았을 때도 아이들에게 그렇게 다가가려 했다. 친구 같이 편안하고 좋은 선생님. 그것이 서민주 선생님의 목표였다. 그러나 한 달이 채 가기도 전, '이건 아니다'라는 생각이 들었다.

친구 같은 모습으로는 아이들을 통제할 수 없었다. 교실은 언제나 아수라장이었고, 수업도 계획한 대로 진행할 수 없었다. 서민주 선생님은 아이들을 단번에 휘어잡을 수 있는 카리스마 있는 선생님이 되고 싶었다. 그것이 좋은 선생님인 것 같았다.

| **서민주 선생님의 문제점 : 교사로서의 정체성 혼란** |

수업이 막 시작되는 시간. 서민주 선생님은 다소 엄한 목소리로 "자, 수업 시작이야. 자세 봅시다. 1단계 손 높이, 2단계 손 허리, 3단계 시선. 3단계 완료하신 분들 얼마나 되나?"라고 말했다. 아이들은 웅성거리며 시선을 선생님에게로 고정시켰다.

반 전체를 둘러보던 선생님은 아직 자세를 바로잡지 않은 아이들을 보며 화를 내듯 야단쳤다. "○○야! 계속 뭘 찾아? 휴대폰 찾으시나? ○○야. 너 책을 왜 거기서 꺼내? 서랍 정리 안 했어?" 엉뚱한 곳을 쳐다보는 아이에게는 바로 선생님의 불호령이 떨어졌다.

수업 시간에 지나치게 엄격하고 무서운 모습을 보이는 서민주 선생

■ EBS 교육대기획 학교란 무엇인가

님. 사전 인터뷰를 할 때 분명 서민주 선생님은 나긋나긋한 목소리와 부드러운 눈빛을 가진 사람이었다. 제작진은 촬영된 수업 현장을 보면서 솔직히 의아했다. 아이들은 어떨까? 수업에 대해서는 전체적으로 '재밌다'고 말하는 아이가 많았다. 하지만 너무 무섭다는 의견도 적지 않았다. 전문가들 또한 선생님의 지나치게 무서운 목소리와 표정, 분위기를 지적했다.

서민주 선생님이 아이를 그런 태도로 대하는 것은 사실 아이들을 더 잘 통제하기 위함이었다. 이전에 너무 가볍고 부드럽게 대할 때는 아이들이 전혀 제어되지 않았다.

전문가들은 무조건 선생님 목소리를 낮추고 굳은 표정으로 딱딱하게 대한다고 아이들이 주의집중을 잘 하는 것이 아니라고 충고한다. 그보다는 선생님의 주의가 아이들에게 집중되어야 아이들의 주의가 선생님에게 집중될 것이라고 설명했다.

| 서민주 선생님의 문제점 : 아이에 대한 관심 부족 |

선생님은 칠판에 학습목표를 적었다. 한 아이가 필기를 했다. 선생님은 짜증스러운 얼굴을 하며 "쓸 시간 따로 드릴 테니 쓰지 마세요. ○○야, 손 또 올라오네. 손 놔."라고 말했다. 선생님이 아이들의 발표를 유도하는 질문을 던졌다. 아이들은 "저요! 저요!" 하며 손을 들었다. 아이들은 서로 발표를 하겠다며 아우성이었다. 선생님은 어쩐 일인지 무표정하게 있을 뿐 아무도 시키지 않았다. 한참 후 선생님이 한 아이를 지목했다.

선생님은 수업 내내 엄한 목소리로 집중을 강요했지만, 전체적으로 산만하고 시끄러운 가운데 수업이 진행되었다. 종이 울렸다. 하지만 수업은 아직 끝난 상태가 아니었다. 한 아이가 자리에서 일어나려 하자 선생님이 야단을 첫다. 하지만 수업 종이 친 후 아이들은 심하게 웅성거리고 몸도 많이 움직였다. 너무 소란스러워지자 선생님은 급히 인사를 하고 수업을 마쳤다.

초등학교 3학년이면 수업보다는 선생님한테 굉장히 관심을 받고 싶어 하는 시기이다. 그런데 서민주 선생님은 불특정 다수를 대하듯 수업을 했다. 아이는 자신과 선생님이 연결되어 있다는 생각이 들지 않으면 선생님에게 집중을 하지 않는다.

수업에 대한 동기부여를 위해 가장 좋은 방법은 선생님이 아이에게 관심을 보이는 것이다. 한 번에 모든 아이들에게 관심을 보이는 것이 어렵다면, 아이를 한 명씩 돌아가면서 집중적으로 관심을 보이는 것이 필요하다.

수업을 분석하던 이재경 교수는 서민주 선생님에게 갑자기 질문 하나를 던졌다. "아이들이 서로 발표하겠다고 손을 드는데, 당장은 시키지 않으시네요? 이유가 있으신가요?" 선생님이 답했다. "뒤늦게 생각하는 아이들이 있기 때문에 기다려 준 거예요."

이런 경우 먼저 손을 든 아이들에게 선생님은 어떤 식으로든 반응을 보여주는 것이 중요하다. 굳이 말로 언급하지 않더라도 눈빛이나 손짓, 표정으로라도 반응을 보여야 한다. 아이를 쳐다보면서 "아, 너 손들었구나" 하며 고개를 끄덕거리든지, 눈을 맞추고 한번 웃어준다든지, 어떤 식으로든 칭찬이 필요하다.

그리고 왜 바로 발표를 시키지 않는지, 손을 든 아이들 중 한 아이를 시킬 때는 어떤 기준에 의해서인지도 아이들에게 명확히 설명해줘야 한

  ■ EBS 교육대기획 학교란 무엇인가

다. 선생님이 어떤 기준을 명확하게 알려주지 않으면 손을 들었을 때 선택받지 못한 아이들의 불만이 커질 수밖에 없다.

명확하지 않은 수업 마무리 또한 문제였다. 서민주 선생님은 수업 종이 치고 인사가 끝났음에도 수업 내용에 대한 설명을 이어갔다. 초등학교 선생님의 경우 수업이 끝난 이후에도 교실에서 머무르기 때문에 수업의 시작과 마무리가 확실하지 않으면, 수업 시간과 쉬는 시간의 경계가 없어진다. 이렇게 되면 아이들은 수업 시간이 되어도 수업 시간에 맞는 자세를 갖추기 어려워진다.

쉬는 시간에는 자유롭게 뛰어놀기도 하고 큰소리를 내어도 되지만 수업 시간에는 그렇게 해서는 안 된다는 원칙은 아이들에게 쉬는 시간을 완벽히 지켜줄 때 따를 수 있는 것이다. 수업의 시작과 마무리는 자세를 바로잡거나 인사를 하는 형식적인 것에만 의존해서는 안 된다. 내용적으로도 아이들이 주의집중하고 그날 배운 내용을 정리할 수 있는 무언가가 있어야 한다.

쉬는 시간, 아이들이 서민주 선생님 책상에 모여 서로 장난을 치고 있었다. 선생님은 환하게 웃으며 "너희 그러지 말고 선생님 어깨나 주물러라"고 말했다. 아이들은 장난기 가득한 웃음을 지으며 서로 선생님의 어깨를 주무르기 시작했다. 그러면서 조잘조잘 저희들 이야기를 하기 시작한다. "한 명씩 얘기 해" 하며 선생님은 아이들과 친구 같은 대화를 나눴다.

쉬는 시간, 서민주 선생님의 모습은 수업 시간과는 무척 달랐다. 제3자의 입장에서 보아도 선생님이 아이들을 좋아하는 진정성이 느껴졌다. 사실 서민주 선생님은 수업 시간에도 이런 모습이고 싶었다.

그런데 그렇게 하면 아이들이 선생님의 어떤 말도 들어주지 않고 무시하고 떠들고 싸우니까 본인도 스트레스를 받으면서도 무서운 선생님이 되는 것이었다. 아이들이 자신에게 무언가 배워가게 하려면 그럴 수밖에 없다고 생각했다. 서민주 선생님에게 친구 같은 선생님과 잘 가르치는 선생님은 정반대편에 서 있는 대상이었다.

선생님은 교사로서의 정체성에 혼란을 겪고 있었다. 친구와 같이 돌봐 주면서 사랑을 표현하고 싶은 마음과 전문가로서 수업을 잘 해서 아이들의 성취감을 높여주고 싶은 마음이 공존했고, 이로 인해 계속 방황하고 시행착오를 겪고 있었다. 결국 수업 시간과 쉬는 시간에 상반된 모습을 취하게 된 것이다. 이재경 교수는 서민주 선생님에게 말했다.

　　　　"교사는 학생과 친구가 될 수는 없어요. 수업에는 쉬는 시간과 같은
　　　　친구 같은 모습이 아니라 그 부드럽고 온화한 마음이 표현된 수업계
　　　　획서가 필요한 거예요."

아이들을 사랑하는 마음이 있다면 '시선'이나 '자세'를 강조하기보다는 초등학교 3학년에 맞는 수업계획서가 있어야 한다. 초등학교 3학년의 경우, 집중하는 시간이 9~15분 정도밖에 되지 않으니, 10분 단위로 다양한 수업 방법을 구성하는 것이 필요하다.

아이들이 아무리 노력한다고 하더라도 평균 10분이고, 집중을 잘하는 아이라 할지라도 최대 15분 이상은 집중할 수가 없다. 만약 서민주 선생님이 자신의 수업을 그렇게 연출할 수 있다면, 무서운 선생님의 가면을 쓰지 않아도 아이들은 즐겁게 집중하고 많은 것을 배울 수 있을 것이다.

전문가는 서민주 선생님이 쉬는 시간 동안 몇몇의 아이들과만 친밀한 관계를 갖는 것에 대해 조금 우려를 보이기도 했다. 선생님과 그런 관계를 맺지 못하는 아이들의 마음을 배려해야 한다는 것. 좀 더 많은 아이들과 관계를 맺으려고 하고, 가능하다면 반 전체 아이들이 함께 게임이나 놀이, 만들기를 하는 것도 좋다고 조언했다.

아이들은 선생님다운 선생님을 원한다

"제 안에는 아이들에 대한 사랑이 정말 많아요. 그런데 항상 아이들과 엇나갔어요. 이런 모습으로 계속 가르쳤다가는 아이들을 오히려 망치겠다는 생각이 들었어요. 제가 교사의 자격이 있는지에 대한 회의가 많았죠."

– 중학교 체육교사 조동미(여, 가명)

중학교 3학년 체육교사 조동미 선생님. 일반적으로 체육 선생님은 아이들과 관계가 좋을 것이라 생각한다. 체육 시간에 무슨 잔소리할 것이 있냐는 것.

하지만 체육 시간에도 정해진 복장을 갖춰야 하고, 다양한 운동기구를 사용해야 하며, 여럿이 규칙을 지켜서 해야 하는 활동이 많다. 그래서 조동미 선생님은 수업 시간 내내 긴장하고 아이들을 엄한 소리로 혼낼 때가 많다. 자칫 방심한 사이, 아이들이 위험한 장난이라도 치면 그것이 곧장 사고로 이어질 수도 있기 때문이다.

조동미 선생님은 제작진과의 사전 인터뷰 때 자신이 아이들에게 화를 내거나 소리를 지르는 등 강압적인 태도가 되는 것이 고민이라고 했다. 그렇다면 조동미 선생님 반 분위기는 어떨까? 의외로 조동미 선생님이 담임을 맡고 있는 반은 가장 시끄러운 반으로 통했다.

체육 시간. 조동미 선생님은 우왕좌왕하는 아이들의 줄을 세우고 복장을 체크했다. 전체적으로 편안한 분위기. 지적을 받은 아이도, 혼난 아이도 그리 겁을 먹지 않았다. 준비운동이 시작되었다. 운동장 2바퀴를 달리고 스트레칭을 할 때까지도 아이들은 계속 잡답을 했다. 선생님이 아이들을 조용히 시키기 위해 호루라기를 몇 회 불었지만 소용이 없다. 결국 선생님은 애원하는 목소리로 "언제까지 기다릴까?"라고 말했다.

제작진이 관찰한 수업에서는 조동미 선생님이 걱정한 강압적인 모습은 보이지 않았다. 전문가 또한 선생님이 특별히 화를 자주 낸다거나 큰 목소리로 아이들을 혼내거나 위압적인 태도로 대한다고 보지 않았다. 실외에서 진행되는 체육수업에는 적절하다는 평가였다.

전문가들은 조동미 선생님의 최대 장점은 첫째는 부드럽고 선함, 둘째는 학생들에게 도움이 되고자 하는 의지, 셋째는 여러 가지 힘든 상황에 부딪혀도 본인의 감정을 자제하려는 노력이라고 말했다. 본인은 감정 조절을 못해서 아이들에게 화를 낸다고 걱정하지만, 오히려 전문가들은 아이들이 비록 말을 잘 듣지 않아도 자신의 감정을 자제하려는 노력을 하고 있다고 평했다.

문제로 지적받은 것은 바로 기술적인 면이었다. 조벽 교수는 조동미 선생님에게 물었다. "이날 수업 목표는 무엇으로 잡으셨어요?" 선생님은 갑작스러운 질문에 잠시 머뭇거렸다. "유연성 향상이오."

"그렇다면, 체육 교과목의 목표는 뭐예요? 전반적인 목표는 뭔가요?"
"신체 활동을 통해서 즐거움을 갖게 하고 체력을 향상시키는 것이오."
"한 학기에 체육수업이 몇 번이죠?"
"한 학기가 17주이고, 일주일에 2번 있으니까 35번 정도 돼요."
"한 학기 총 수업의 3% 정도 되는군요. 그럼 이런 식으로 수업을 진행하면 아이들의 능력이 향상될 것이라고 판단되세요?"

조동미 선생님은 현실적으로 그렇지 못하며, 본인도 그로 인해 체육교사로서 보람을 느끼지 못해 괴롭다고 대답했다. 교과 목적으로 관심을 갖지 못하는 데다가 아이들도 체육을 장난 식으로 생각한다는 것이었다. 다른 교과목에 비해 체육이라는 특수성이 있을 수도 있다. 하지만 조벽 교수는 열정에 대해서 이야기했다.

"선생님께서는 분명히 체육을 좋아하고, 체육 선생님으로서 에너지도 높은 것 같은데, 수업하는 모습에서는 그 두 가지가 전혀 보이질 않습니다. 선생님께서 본래 지녔던 체육에 대한 사랑, 그것을 아이들에게 전달해주고 싶은 마음, 열정이 식었다고까지 말하고 싶지는 않지만 적어도 수업장면에서는 보이지 않습니다."

열정이 없는 수업. 그것은 수업 구성을 허술하게 한다. 전문가들은 조동미 선생님의 수업 구성을 초 단위로 분석해 보았다.

전문가들은 수업 중 낭비되는 시간이 많고, 사전 준비가 부족하다고 지적했다. 아이들이 수업 내내 장난 식으로 임하는 것도 수업 구성이 알차지 않기 때문일 수 있다고 말했다. 수업 구성이 헐겁다 보니 아이들이 '이 수업은 내가 어떻게 하면 대충 놀 수 있는 수업이구나'라고 생각하게 된다는 것이었다.

한 아이씩 유연성 테스트를 할 때 나머지 아이들에게는 두 명씩 짝을 지어 관련 동작을 연습하게 하거나 배드민턴이나 피구 같은 것을 하게 했더라면 아이들이 수업 중 의미 없이 보내는 시간이 줄어들었을 것이라고 지적했다.

수업 중 선생님은 항상 힘이 없어 보였다. 체육수업임에도 불구하고 선생님은 항상 구령대에만 서 있었다. 운동장을 뛰는 아이들을 향해 멀리서 소리를 질러 지시를 내렸고, 호루라기를 부는 것으로 스트레칭 시범을 대신했다.

선생님은 유연성과 관련된 새로운 동작을 가르쳐 준 후, 그것을 아이들이 잘 따라하고 있는지 아닌지 개별적으로 체크하지도 않았다. 잘하는 아이에게 칭찬해주지도 않았고, 못하는 아이의 동작을 교정해주지도 않았다. 그저 뒷짐을 지고 앞에 서서 지시만 할 뿐이었다. 마치 방관자처럼 보였다.

누구보다도 에너지가 넘쳐야 하는 체육 교사가 왜 이처럼 에너지가 약한 것일까? 전문가들은 조동미 선생님이 아이들의 긍정적인 것보다는 부정적인 것만 본다는 것을 발견했다. 조동미 선생님은 아이들에게

관심은 많은데 그것이 부
정적인 것에 몰려 있다는
것이다.

감정 코칭 전문가 최성
애 박사는 조동미 선생님
이 왜 아이들의 부정적인
면에만 집착할까에 대해
분석했다. 그리고 그것이

전문가들은 각 선생님들의 상황에 맞는 대처 기술(Coping Spirit)을 가르쳐주었다.

선생님이 가진 '스트레스' 때문임을 밝혔다. 선생님은 수업만이 아니라 생활 전반에서 많이 위축되어 있고, 지나치게 긴장하고 있었다. 전문가들은 교사로서 열정을 찾기 위해서는 우선 스트레스를 해소해야 한다고 조언했다.

스트레스로 몸이 힘들다 보니 선생님은 아이들에게 때로는 하소연하는 목소리로, 때로는 짜증나는 목소리로 말했다. 어떨 때는 "애들아 내 말 좀 들어줘"라는 식으로 아이들에게 끌려가는 모습도 보였다. 교사는 학생을 힘 있게 끌고 가는 입장이 되어야지, 끌려가는 입장이 되어서는 곤란하다.

강한 지도력이란 무섭게 혼을 내고 야단을 치라는 것이 아니다. 선생님으로서 권위를 가졌으면 하는 것이다. 아이들은 선생님이 믿고 의지할 수 있는 강한 사람이기를 바란다. 아이들은 친구처럼 편안한 선생님보다 가르치고 배우는 순간 선생님다운 선생님을 원한다.

교사는 부드러워야 한다. 하지만 그 안에는 반드시 단단한 기준이나 힘이 있어야 한다.

Chapter 3

6개월간의 변화,
'우리 선생님이 달라졌어요'

수업 기술은 얼마든지 배울 수 있다

'우리 선생님이 달라졌어요' 프로젝트는 6개월 동안 진행되었다. 2010년 3월, 다섯 선생님을 선정했고 4월, 수업현장을 첫 촬영하여 다섯 선생님의 교실을 입체적으로 관찰했다. 5월, 수업 분석 및 개선 방안이 제시되었고, 감정 코칭 연수를 통해 아이들의 마음 읽는 법을 배웠다. 7월부터는 전문가들이 개별 방문하여 현장 코칭을 하였고, 교육철학 워크숍을 통해 흐트러진 마음을 다잡는 시간을 가졌다. 그리고 10월, 다섯 선생님에 대한 전문가들의 최종 분석이 이루어졌다.

5월에 첫 수업 분석을 받은 다섯 선생님들은 하나같이 좌절했었다. 학교에서 제법 잘 가르친다는 소리도 들었고, 아이들과의 관계도 좋았던 선생님들은 사실 본인이 최고는 아니더라도 중간 정도는 되리라고

프로젝트에 참여한 선생님들은 감정 코칭 연수, 현장 코칭, 교육철학 워크숍 등을 통해 자신을 바꿔 나갔다.

여겼다. 전문가들의 분석은 그런 생각을 여지없이 무너뜨렸다.

수업도 형편없으며, 아이들에 대한 존중도 없고, 교사로서의 자존감도 없다고 지적했다. 하지만 고맙게도 '우리 선생님이 달라졌어요' 프로젝트가 진행되는 6개월 동안 다섯 선생님 중 단 한 명도 포기하지 않았다.

가장 빠르게 큰 변화를 보인 것은 김세종 선생님이었다. 아이들과의 관계가 정말 좋았던 김세종 선생님은 전문가들에게 수업이 무척 단조로우며, 비효율적으로 구성되어 있다는 지적을 받았다. 수업을 하는 태도 또한 판서, 동선, 목소리, 눈 맞춤, 질의응답 기술 등 모두 부족하다는 평가를 받았다.

2주 후, 김세종 선생님의 교실을 찾았을 때 선생님은 완전히 달라져 있었다. 고작 2주밖에 지나지 않았는데, 아이들은 "폭넓게 다양한 질문을 하세요." "예전보다 수업이 재미있어요." "수업의 질이 높아졌어요." "전에는 몇몇 애들만 끌고 가셨거든요. 요새는 반 전체를 다 이끌어 가시니까 그게 정말 좋아요"라고 말했다. 어떤 변화가 있었을까?

놀랍게도 김세종 선생님은 수업의 문제점을 거의 다 극복했다. 중간점검을 위해 선생님의 학교를 현장 방문한 조벽 교수는 극찬을 아끼지 않았다. 아직도 부족한 점은 있지만 이토록 짧은 시간 안에 많은 점이 바뀐 것은 정말 대단한 것이라며, 이런 노력이라면 대한민국 최고의 선생님이 될 자격이 있다고 칭찬했다.

"선생님의 가장 큰 발전은 자기 수업을 아이들 눈에서 판단하는 기준이 생겼다는 거예요. 이전까지는 자기 편한 대로 자기가 원하는 수업을 끌고 갔다면, 지금은 코멘트 하나하나, 모두 아이들 입장입니다. 수업을 하는 시각이 변한 것입니다."

김세종 선생님이 단기간에 큰 발전을 가져올 수 있었던 이유는, 선생님에게 부족한 것이 단지 기술이었기 때문이다. 유능한 교육자에게는 세 가지 영역이 있다. 전문 지식의 영역, 수업을 이끌어가는 기술의 영역, 그리고 마음가짐의 영역이다.

자신이 맡은 수업에 누구보다 풍부한 지식을 가져야 하고, 수업을 하는 기술도 훌륭해야 하고, 아이를 배려하고 존중하는 마음 또한 탁월해야 한다. 유능한 교사가 되려면 3가지 영역을 모두 갖춰야 하지만, 이 중 상대적으로 갖추기 쉬운 영역이 바로 기술적인 부분이다.

첫 수업 분석 후 김세종 선생님은 적잖은 충격을 받았다. 자신을 좋은 선생님으로만 생각하는 줄 알았던 아이들의 혹독한 평가에 배신감마저 느껴졌다. 하지만 '지금이라도 나의 단점을 알았다니 얼마나 다행인가?' 하는 쪽으로 마음을 고쳐먹었다.

선생님은 작고 나긋나긋한 목소리를 고치기 위해서 복식 호흡을 시작했다. 하루 30분 복식으로 호흡을 하며 큰 소리로 노래를 불렀다. 거울을 보며 수업할 때의 동작을 연습했고, 수업 준비를 하면서 판서할 내용을 종이에다가 한번 쭉 적어보았다.

수업계획안을 짤 때는 5분에서 10분 단위로 나눠 어떤 매체를 활용할 것인지도 고심했다. 그리고 예상 밖의 상황을 대비해 짤막한 퀴즈도 준비해두었다. 매일 아침에는 입술에 볼펜을 올리고 미소를 짓는 연습을 했다. 전문가들은 김세종 선생님의 수업을 분석하면서 혹시 이 많은 지적을 받은 후 최고 강점인 미소를 잃지 않을까 걱정했었다.

　　"최고의 교수법은 자신의 장점을 최대로 발휘하는 것입니다. 단점을 보완하는 것은 그 다음이에요. 선생님이 가진 장점은 노력한다고 금방 얻어지는 것이 아니니, 힘들더라도 미소를 잃지 않았으면 좋겠어요."

- 조벽 교수

김세종 선생님은 그 말을 잊지 않았던 것이다.

아이와 선생님은 항상 같은 편이다

전문가들이 가장 걱정했던 오유진 선생님은 수업 분석을 받은 지 4개월이 지났지만, 갈피를 잡지 못했다. 선생님은 수업 분석을 받으면서 처음으로 자신이 험한 말을 할 때 아이들의 표정을 보았다. 아이들은 상처를 받았고 자존심도 상해 있었고 억울해하고 있었다.

다시는 그런 행동을 하지 말아야겠다고 다짐했다. 수업 분석 후 전문가들에게 받은 과제는 '아이들에게 상처 주는 말을 하지 말라'는 것. 전문가는 부정적인 커뮤니케이션이 1개 이루어졌을 때마다 호감과 존중을 보이는 커뮤니케이션을 5개 더 해주라고 당부했다. 굳이 5개라는 숫자를 언급한 것은 연구 결과에 기초한 것이다.

뇌 과학자들에 따르면 경멸적인 대우를 받게 되면 뇌에서 스트레스 호르몬이 나와 스트레스 수치가 올라가기 시작하는데, 이 수치를 원상태로 돌리려면 긍정적인 대우를 적어도 5번은 받아야 한다고 한다.

오유진 선생님은 다른 선생님에 비해서 과제의 수가 현저히 적었다.

하지만 3개월이 지났는데도 잘 이루어질 기미가 보이질 않았다. '내가 안 좋은 말을 할지 몰라' 하는 생각에 무슨 말이든 마음 편히 할 수가 없었다. 선생님은 아이들에게 되도록 말을 하지 않으려고 했고, 기운이 없어 보일 정도로 차분하게 내용만 전달했다.

중간 점검을 위해 현장을 방문했을 때, 오유진 선생님의 교실은 선생님 특유의 활기는 사라지고 전반적으로 가라앉은 분위기였다. 선생님은 수업 내내 아이들과 눈을 마주치지 않고 판서만 했다. 수업 중에 아이들이 떠들어도, 주의를 집중하지 않아도 별 말을 하지 않았다.

아이들은 이런 선생님의 변화에 어리둥절했다. 바뀌긴 바뀌었지만 오히려 나쁘게 변한 것 같았다. 아이들은 예전 선생님의 모습이 그립다고 말했다. 화는 내더라도 잘 웃고 선생님만의 매력이 넘치던 그때가 더 좋았다고 말했다.

선생님은 행여 상처 주는 말을 할까 봐 조심 또 조심만 하고 있었다. 본인도 자신의 이런 모습이 자연스럽지 않지만 어찌할 바를 몰랐다. '변해야 하는 것은 알겠는데, 구체적인 방법을 모르겠다'는 것이 선생님의 마음이었다.

오유진 선생님이 답을 찾은 것은 2010년 8월, 1박 2일로 떠난 '교육철학에 관한 워크숍'에서였다. 조벽 교수의 강의에서 오유진 선생님은 마음속으로 '유레카'를 외쳤다.

조벽 교수　　지금까지 우리들이 한 교수법은 몸짓, 목소리, 수업 기술, 학생과의 대화 등 마이크로적인 것입니다. 제안도 받고 도움도 받고 그러셨죠? 하지만 그것만으로는 한계가 있어요. 그렇

죠? 서민주 선생님. 저 좀 쳐다보세요. 오늘 지각하셨는데,
어제 혹시 술 드셨어요?

서민주 교사　(웃으면서) 아니오. 늦잠을 자서.

조벽 교수　그런데, 그 말 하시면서 웃음이 나오세요. 철학은 지금까지
했던 것과는 다른 새로운 이야기예요. 김세종 선생님, 어제
칭찬을 받으셔서 그런지 오늘은 약간 풀린 느낌이에요.

김세종 교사　(아니라는 듯 고개를 젓는다)…….

조벽 교수　교육철학은 어떻게 보면 굉장히 재미있을 수도 있고, 굉장히
힘들 수도 있어요. 늦게들 일어나서 정신이 안 나시죠? 오유
진 선생님, 노래 잘 부를 것 같은데, 노래 한번 불러주시겠어
요? 모두 힘내라고요.

오유진 교사　네?

조벽 교수　제가 상을 하나 드릴게요.

오유진 교사　저 진짜 노래해야 하는 건가요?

조벽 교수　오유진 선생님, 지금 기분 어떠셨어요?

오유진 교사　무서워요.

　조벽 교수는 우리의 교실에서는 이런 일들이 너무나 많이 일어난다고
말했다. "똑바로 앉아." "손 올려봐."라는 말은 대수롭지도 않고, 지각한
학생이나 수업에 집중하지 못하는 학생을 혼내는 것에 대해 너무나 당
연시 여긴다. 심심하면 노래도 서슴지 않고 시킨다.
　다섯 선생님들도 마찬가지다. 같은 상황을 직접 경험한 선생님들은
당황한 표정이 역력했다.

조 교수는 '선생님으로서 이런 행동은 좋지 않으니 하나하나 이렇게 고치라'고 말하는 데에는 한계가 있다고 말한다. 교육에 대한 큰 개념, 원칙, 기본이라는 것을 가져야 한다고 강조했다. 그래야 매순간 혼란스럽고 힘들어도 스스로 답을 찾아낼 수 있기 때문이다.

"우리에게는 '무엇을 할까'만큼 중요한 것이 '어떻게 할 것인가' 입니다. 가장 중요한 원칙은 '교사와 학생은 한 편이 되어야 한다' 는 것입니다. 그것이 우리의 궁극적인 목표입니다. 학생하고 선생님은 적이 아니에요. 목표가 똑같은데 적대적인 관계로 있으면 아무것도 일어나지 않아요. 어떻게든 학생과 한 편이 되는 것이 중요합니다."

– 조벽 교수

오유진 선생님은 몇 달 동안 잡힐 듯 잡히지 않던 문제의 해답을 찾았다. 선생님의 머릿속에는 온통 '말하지 말아야지'라는 결심이 가득 차 있었다. 하지만 '학생과 선생님이 한 편이 되어야 한다'는 말에

선생님은 전문가들의 칭찬을 받을 만큼 많은 변화가 있었다.

비로소 '아, 이렇게 해보는 게 어떨까?' '이거 해봐야지'라는 생각이 들었다.

오유진 선생님은 전문가 상담 이후 자신의 말에 아이들이 상처 입을

까 봐 되도록 말을 줄였다. 그런데 말만 준 것이 아니었다. 말과 함께 선생님의 활기도 줄었다. 선생님은 너무 창피하고 두려워서 '우리 선생님이 달라졌어요'를 포기할까 생각하기도 했다. 그리고 9월, 답을 찾았다는 오유진 선생님의 교실은 어떻게 변했을까?

| 9월 오유진 선생님의 교실 |

아침 조례시간, 교탁 앞에 선 선생님은 교실 전체를 둘러보며 출석을 부른다. 출석을 모두 부른 후, "어? 29명. 한 명이 안 왔는데요?"라고 부드러운 목소리로 말한다. 4월의 그날처럼 그 순간 지각생이 교실 뒷문으로 들어왔다. 선생님은 교탁 앞에 미소를 지으면서 가만히 서 있었다.

"어떻게 하다가 늦었어요?"

"미술 준비물 놓고 와서 다시 갔다 오느라……."

"다음에는 어떻게 할 거예요?"

"빨리 올 거예요."

"빨리 올 거예요, 부탁합니다."

오유진 선생님은 아이와 대화를 나누는 동안 무서운 표정을 짓지도, 목소리 톤을 높이지도 않았다. 예전과는 확연히 다른 모습이었다. 그리고 수업이 시작되었다.

수업이 시작됐을 때 선생님은 아이들에게 부끄러운 고백을 한다. "4월에 촬영한 선생님의 수업 장면을 보시고 여러 전문가 선생님들이 어떤 점이 문제인지를 짚어주셨어요. 그런데 선생님의 가장 큰 문제점은 학생들이 무엇인가 잘못을 해서 지적을 할 때, 너무 많이 잘못한 것처럼 말하고, 학생들과 멀어지는 대화를 많이 쓴다는 것이었어요."

선생님은 반성과 함께 아이들에게 사과를 한 후 부탁을 곁들였다. 자신이 멀어지는 대화를 쓰면 왼손 검지를 들어 신호를 보내달라고 했다. 그렇게 하면 선생님이 눈치를 채고 고치겠다는 것이었다. 그리고 마지막으로 "선생님, 완

전히 달라질게요. 도와주세요"라고 말했다. 아이들은 선생님의 말에 누가 먼
저랄 것도 없이 박수를 쳤다.

오유진 선생님은 아이 입장에서 자신의 행동을 어떻게 변화시키면 좋
을지 답을 찾았다. 같은 목표를 가진 동지로서 아이를 대할 수 있게 된
것이다. 박수를 보낸 몇몇의 아이들을 인터뷰해보았다. "지금은 선생님
이 무슨 말을 하시든 한 번 더 생각하고 말하는 것 같아요." "배려를 정
말 많이 해주세요." "우리를 위한 수업을 하려고 하셔서 너무 좋아요."
전문가들 또한 오유진 선생님의 변화에 박수를 보냈다.

아이들과 멀어져버린 자신과 만나다

모든 선생님이 김세종 선생님처럼 빠른 시간 내에 많은 변화를 보인
것은 아니다. 수업 분석 중 이것저것 지적을 받자, 상황 탓만 하다가 호
되게 혼이 났던 한수아 선생님에게 지난 여름은 무척 힘이 들었다. 전문
가들은 선생님의 수업에는 학생이 빠져 있다는 충격적인 말을 했다. 선
생님은 업무를 처리하듯 수업을 했고 아이를 대했다.

하지만 선생님이 정말로 변하고 싶다는 생각이 있다면 희망은 있었
다. 전문가들은 한수아 선생님이 자신의 높은 집중력을 아이 쪽으로 돌
린다면 분명 좋은 선생님이 될 수 있을 것이라고 말했다.

한수아 선생님에게 주어진 과제는 '아이들과 가까워지고 눈을 맞춰

라' 하지만 개선 방안을 받은 지 한 달이 지나도록 아이들은 달라지지 않았다. 여전히 아이들은 통제 불능이었다. 정말 잘하고 싶어서 아이들 얼굴을 한 번이라도 더 쳐다보고 친한 척도 했지만 아이들이 자신의 마음을 몰라주는 것 같아 야속했다.

'과연 내가 잘 해낼 수 있을까? 어쩌다 이렇게까지 되었을까?' 하는 생각도 들었다. 그렇게 좌절하고 있었을 때, 조벽 교수가 중간 점검 차 한수아 선생님의 교실을 방문했다. 조벽 교수는 "아이들은 선생님이 그렇게 하셨다 해서 갑작스럽게 변하질 않아요. 아이들은 변한 선생님의 모습을 보고 선생님의 이런 모습이 진짜냐 아니면 가짜냐 하고 테스트도 할 거예요"라고 말했다.

> "많은 선생님들이 약간의 기술을 배운 후 학생들을 금세 변화시킬 수 있을 거라고 착각하는 것 같아요. 하지만 학생을 변화시키기 위해서는 선생님이 변해야 합니다. 선생님이 완전히 변하는 데도 시간이 걸리고, 그것을 보고 아이들이 변하는 데는 더 많은 시간이 걸립니다."
>
> —조벽 교수

다시 살펴본 한수아 선생님의 교실. 선생님의 말대로 자신은 변했는데, 아이들은 전혀 변하지 않은 것일까? 그렇지는 않았다. 선생님은 여전히 아이를 자기 마음처럼 받아들이지 못했다. 아이가 변하려면 선생님의 마음 한가운데에 아이가 존재한다는 것을 보여주어야 한다. 본인이 생각했을 때도 마음 한가운데 아이가 있어야 한다. 그래야 아이들과 좋은 관계가 맺어지고 신뢰를 얻을 수 있다.

왜 이렇게 아이와 멀어져 버린 것일까? 한수아 선생님은 그 해답을 6월에 진행된 감정 코칭 연수에서 찾을 수 있었다. 아이들을 잘 쳐다보지 못하고, 통제도 잘 못하는 것은 자신의 '초감정meta emotion'과 관련이 있음을 알았다. 초감정은 감정 뒤에 숨어 있는 또 다른 감정으로 어린 시절의 경험과 관련이 있다.

한수아 선생님의 부모님은 무척 엄하고 무서운 편이었는데, 조금만 잘못해도 욕설과 비난을 많이 하셨다. 특히 잘못을 하지 않았어도 잘못했다고 말할 때까지 정말 많이 혼났고 맞기까지 했었다. 그런 상처는 선생님이 아이들을 대할 때 문제를 일으켰다. 아이들이 자신의 무서운 부모처럼 느껴지기도 하고, 어린 시절 자기 같게도 느껴져서 아이를 보는 것이 무섭고 어려웠다.

감정 코칭을 통해서 한수아 선생님은 자신의 초감정을 인정하게 됐고 조금 더 홀가분해질 수 있다. 9월, 다시 찾은 한수아 선생님의 교실. 어떻게 변했을까?

| 한수아 선생님의 변화 : **아이들과의 관계 개선** |

수업이 막 시작되는 순간, 한수아 선생님은 '5반'을 작게 말하며 손바닥을 두 번 쳤다. 그리고 검지를 꼭 다문 입술 앞으로 가져가 조용히 하자는 동작을 했다. 웅성웅성 하던 아이들은 선생님의 동작을 따라하며 거짓말처럼 조용해졌다. 선생님의 작은 손짓 하나만으로 교실이 조용해졌다. 이전에는 아무리 "5반!"이라고 소리치고 화를 내도 계속 떠들던 아이들이다.

모둠별로 과제를 하는 시간, 이전에는 모둠별 과제를 시킨 후 칠판 앞에만 있던 선생님이, 이제는 칠판 앞을 떠나 한 모둠 한 모둠 돌아다니며 아이들의 이야기를 귀담아 들었다. 이야기를 들으며 머리를 쓰다듬어주기도 하고 다정하게 어깨에 손을 얹기도 했다. 무릎을 꿇고 몸을 낮춰서 아이와 눈을 맞추고 아이의 이야기가 다 끝날 때까지 들어주었다.

이재경 교수는 한수아 선생님이 수업 중에 무릎을 꿇고 학생과 눈높이를 맞춰서 대화하는 그 모습이 정말 너무너무 감동적이었다고 칭찬했다. 누가 보아도 아이를 사랑하는 선생님의 마음이 아이들에게 그대로 전달되고 있는 모습이었다.

한수아 선생님은 요즘 매일 매일이 너무 기대된다고 했다. 바라보고 있으면 아이들이 너무 예쁘다는 생각이 절로 든다고도 했다. 이렇게 예쁜 아이들이 왜 예전에는 무섭고 두렵다고 생각했는지, 눈도 잘 마주치지 못했는지, 좀 더 빨리 달라지지 못한 것이 안타까웠다고 했다.

좋은 수업보다 아이와의 관계가 중요하다

부드럽고 착하지만 아이들을 좀처럼 제어할 수 없었던 서민주 선생님과 조동미 선생님. 두 선생님은 부드러울 때는 너무 부드럽지만, 엄격할 때는 너무 엄한 모습으로 아이들과의 관계도 좋지 않았고, 자신도 모르게 아이들에게 상처를 주고 있었다.

두 선생님이 전문가에게 주문을 받은 개선 방안은 수업 구성을 여러 개의 단막극으로 나누듯 체계적으로 할 것, 아이들에게 알맞은 피드백

2010년 8월, 5명의 선생님은 교육 워크숍에서 수업보다는 관계가 중요함을 배웠다.

을 줄 것, 강함과 부드러움을 적절하게 조화시킬 것 등이었다.

강함과 부드러움을 조화시키라는 과제는 생각보다 어려웠다. 수업 분석을 받을 때는 "달라지겠다." "정말 좋은 선생님이 되겠다." 굳은 각오를 다졌지만, 막상 개선 방안들을 적용해도 달라지지 않는 아이들을 보니, '그럼 그렇지'라는 생각과 함께 맥이 빠졌다.

그러던 중, 교사 워크숍에서 선생님들은 '수업보다는 관계다'라는 낯선 말을 듣게 되었다. 그간 좋은 수업을 위해서 엄한 선생님, 무서운 선생님을 자처했는데 '관계'라니, 도대체 무슨 말일까?

"선생님의 질문에 아이가 답을 했을 때, "그것 참 천재적인 발언이다. 야, 너 천재 아니야?"라고 선생님이 말했다고 칩시다. 듣는 아이와 관계가 좋을 때는 그 말에 아이가 좋아할 수 있지만, 관계가 나쁠 때는 '지금 비꼬는 것 아니야?' 오해를 받을 수 있어요. 그래서 아이와 선생님 사이의 관계가 중요해요. 관계가 좋으면 선생님의 실수도, 아이의 실수도 허용되지만, 관계가 나쁘면 '혹시 나를 무시하는 것 아니야' 가 되어버립니다."

서민주 선생님과 조동미 선생님은 감정 코칭을 받으면서 역할극도 해 보았다. 서민주 선생님은 교사 역할, 조동미 선생님은 학생 역할을 맡았 다. 역할극은 수석교사가 지켜보는 가운데 이루어졌다.

서민주(교사)　야! 너 어떻게 된 애가 매일 지각이야?

조동미(학생)　저만 지각한 것도 아니고 쟤도 지각했는데 왜 저만 보고 그 러세요?

서민주(교사)　쟤는 가끔씩 지각하고 너는 매일 지각하니까 그렇지.

조동미(학생)　쟤도 가끔 하고 어제도 지각했잖아요.

서민주(교사)　그러면 쟤도 했지만 너도 했잖아.

조동미(학생)　쟤한테는 뭐라 안하고 나한테만 뭐라 하세요?

서민주(교사)　쟤한테도 이따 할 거야.

조동미(학생)　꼭 저한테 먼저 이러셔야 해요?

이쯤 되자, 수석교사가 '타임'을 요청했다. 학생 역할을 맡은 조동미 선생님은 대화가 이렇게 진행되자 더 이상 할 말이 없어졌다고 고백했 다. 수석교사는 아이의 감정을 받아주는 쪽으로 대화할 것을 요청했다.

서민주(교사)　선생님이 생각해보니까 너만 좀 많이 혼낸 것 같네.

조동미(학생)　네 맞아요. 저한테만 그러지 마세요.

서민주(교사)　너한테만 그렇게 얘기해서 화가 많이 났구나.

1. 아이들은 실수할 권리가 있다는 것을 인정한다

모르기 때문에 학생이다. 선생님이 질문했을 때 아이가 항상 정답만 말하기를 기대하는 것은 그들의 기본 권리를 박탈하는 것이다. 때문에 틀린 것을 너무 강조하거나 지적하기보다는 한 번 더 맞힐 수 있는 기회를 주어야 한다. 엉뚱한 말을 할 때도 마찬가지다.

2. 말을 조심해야 한다

특히 비난과 비방이 섞인 말이나 경멸하는 의미가 담긴 말은 아이와의 사이도 멀어지게 하고 심지어 원수가 되게 할 수도 있다. 지나치게 선생님 자신을 방어하거나 상황을 방관하는 말도 아이의 마음을 닫히게 한다. 예를 들어 "너희들 때문에 못 산다." "다 너 잘되라고 그러는 거야." 식의 방어하는 말이나, 아이들의 감정이 아직 해결이 안 되었는데 "괜찮아, 괜찮아. 서로 악수하고 끝내"와 같은 방관하는 말도 삼가야 한다.

3. 부정적인 표현보다 긍정적인 표현을 쓴다

아이들은 '수업 시간에 돌아다니지 마라' 해봤자 돌아다닌다. 아무리 떠들지 말라 해도 떠든다. 일부 선생님들은 그것이 반항하기 위해서 혹은 자신을 무시하기 때문이라고 생각하지만 그렇지 않다. 이는 뇌가 부정적인 표현을 잘 처리하지 못하기 때문이다. 따라서 아이들에게 말할 때는 '이렇게 해주면 좋겠다' 식으로 긍정적으로 표현해야 한다.

4. 아이의 감정은 무조건 다 받아준다.

이것은 감정 코칭의 기본이다. 감정을 수용해준다고 해서 감정에 따라서 행동하도록 내버려두라는 것은 아니다. 감정은 수용하되 행동은 어느 정도 제한을 둔다. 그래서 지난번보다는 바람직한 방향으로 행동할 수 있도록 도와주어야 한다.

조동미(학생)　예, 좀 서운했어요.

서민주(교사)　서운했구나.

조동미(학생)　…….

수석교사는 이런 식으로 대화를 하면 아이의 닫힌 마음이 열릴 것이라고 조언했다. 두 선생님은 자신의 말과 행동이 아이들에게 어떤 느낌일지 마음 깊이 느낄 수 있었다. 교사의 한마디 한마디가 얼마나 중요한지 다시 한 번 알게 되었다.

두 선생님은 시간이 갈수록 얼굴 표정이 점점 밝아졌고 조금씩 홀가분해했다. '강함과 부드러움' 사이에서 방황하던 두 선생님은 그 답을 조금씩 체득해나갔다.

프로젝트가 끝나갈 즈음, 서민주 선생님은 수업을 할 때 더 이상 딱딱한 표정을 짓지 않았다. 아이들을 향해 웃으며 끊임없이 눈을 마주쳤고, 쉼 없이 아이들의 행동에 피드백을 보냈다. 발표를 위해 먼저 손을 든 아이를 향해서는 엄지를 치켜들어 최고라는 신호를 보냈다.

체육 교사임에도 불구하고 활기도 없고 움직임이 적다는 지적을 받았던 조동미 선생님 역시 6개월 후 완전히 달라졌다. 아이들에게 먼저 다가가 웃어주고, 수업 시간에도 가만히 서 있기보다는 한 명씩 찾아다니며 직접 시범을 보이고, 아이의 동작을 교정해주었다.

다들 선생님이 사라졌다고 말한다.

하지만 …

나는 나의 스승들에게서 많은 것을 배웠다.

내가 벗 삼는 친구들에게서 더 많은 것을 배웠다.

그리고 내 제자들에게선 훨씬 더 많은 것을 배웠다.

Chapter 4

교육, 희망을 만나다

선생님은 아이와 함께 성장한다

제작진은 선생님들의 변화하겠다는 마음, 그 자체가 희망이라고 생각한다. 작은 것이라도, 주어진 상황에서 아이들에게 조금 더 해주겠다는 마음, 주변 상황이 어떻든 내가 더 나아지겠다는 각오, 그것이 희망이다. 다섯 선생님, 아니 '우리 선생님이 달라졌어요' 프로젝트에 응모했던 많은 선생님, 방송을 시청하며 공감했던 선생님들은 절대 희망의 끈을 놓지 않았다.

수많은 선생님들이 희망을 선택했기 때문에 앞으로 우리의 학교가 밝아질 것이다. 희망은 주변 상황이 나아지기 때문에 갖게 되는 것이 아니라 선택하는 순간 오는 것이다. 제작진은 '우리 선생님이 달라졌어요' 프로젝트를 마치며 다섯 선생님에게 6개월간의 소감을 물었다.

아이들과의 관계는 좋지만 수업 기술이 엉망이라는 지적을 받았던 김세종 선생님. 수업의 질이 참가한 선생님 중 가장 좋지 않다는 평가였다. 무엇보다 김세종 선생님에 대한 아

3명의 전문가와 5명의 선생님들.

이들의 평가는 당사자에게는 충격이었다. 아이들이 자신을 그저 좋은 선생님으로만 생각하고 있는 줄 알았는데, 생각보다 아이들의 평가는 냉정했다. 선생님은 지적받은 하나하나를 체크해가며 굉장히 빠른 시간 내에 단점을 고쳐 나갔다. 가장 많은 변화를 보였던 사람이었다.

"긴 시간이었을 텐데, 지금은 좀 짧게 느껴지네요. 참 의미 있는 시간이었습니다. 아쉬움보다는 가슴 벅참과 무엇인가 좀 더 하고 싶다는 희망 같은 것이 많이 느껴지네요. 무엇보다 저의 성장뿐만 아니라 동료 교사들의 성장을 같이 봐서 훨씬 더 의미가 컸던 것 같습니다. 끙끙 앓으면서 혼자 노력하는 것은 참 버겁고 답답한 일인 것 같아요. 주위로 눈을 돌려서 다른 선생님들과 같이 아파하고 같이 힘내면 가능성이 있겠구나, 하는 생각이 듭니다. 그렇게 하면 누구나 이런 성장이나 변화를 이끌어낼 수 있을 것 같아요."

— 중학교 3학년 국어교사 김세종(남, 가명)

오유진 선생님은 가르치는 데에는 천부적인 재능이 있는 것 같다는

극찬을 받았지만, 아이들에게 상처 주는 말을 많이 해서 잘 가르치는 것만이 전부가 아니라는 평가를 받았었다. 선생님은 아이들에게 준 상처에 대한 죄책감 때문에, 프로젝트 내내 앞으로 어떻게 교사생활을 해야 할지 갈피를 잡지 못해 괴로워했다. 그리고 어렵게 '아이가 아니라 자신이 먼저 다가가야 한다'는 해답을 얻었다. 이후 누구보다도 아이를 존중하는 선생님으로 거듭났다.

"우선 제 개인적인 면을 봤을 때 마음이 아주 편안해졌어요. 학교생활을 하는 데도 스트레스를 많이 받지 않는 편이고요. 작은 것에도 즐거워할 수 있는 여유가 생긴 것 같아요. 무엇보다 아이들과의 생활이 재밌고요. 지금까지 그렇게 상처를 많이 준 나를 받아준 아이들이 너무너무 고맙게 느껴져요. 아이들의 작은 반응, 말 등이 모두 고맙고 귀하게 여겨집니다. 프로젝트를 시작했을 때 수첩 한쪽에 '나를 찾아라'고 적어두었는데, 이제야 제 모습을 찾은 것 같아요. 저는 수업 하나 공개한 것뿐인데, 그 용기 하나로 너무 많은 사람들을 얻은 것 같아 감사한 마음입니다."

– 중학교 1학년 과학교사 오유진(여, 가명)

학교를 가는 것이 두렵고, 아이를 바라보는 것이 괴로웠던 한수아 선생님. 선생님은 전문가들에게 아이를 거부하고 있는 것 같다는 이야기까지 들었다. 자신의 모습을 자꾸만 상황 탓, 아이 탓만 하다가 전문가로부터 "정말 좋은 선생님이 될 생각은 있는 것이냐?"는 최후통첩까지 받았었다. 하지만 선생님은 달라졌다. 30초에 아이의 얼굴을 8번이나 쳐다보고, 자신도 모르게 무릎을 꿇고 아이와 눈높이를 맞추어 말하고, 아이들 말을 잘 듣지 않았던 습관을 고치기 위해 아이들이 말하면 똑같이 되풀이하는 선생님이 되었다.

“요즘 학교에 나가 아이들을 만나는 것이 참 즐겁고 행복합니다. 최종 분석 결과에 상관없이 제 자신이 참 잘하고 있다는 생각이 들어요. 예전에는 ‘왜 내 마음을 알아주지 않는 걸까?’ ‘내 마음을 알아주지 않는 너희들은 정말 나쁘다’라고 생각을 했다면, 지금은 ‘스스로 인정할 수 있는 좋은 선생님이 되어야지’라고 많이 생각해요. 이번 기회는 저를 돌아볼 수 있는 시간이었어요. 가끔씩 이렇게 스스로의 모습을 여과 없이 바라보며 교정하는 기회를 만들어야겠다는 생각이에요.”

– 초등학교 6학년 교사 한수아(여, 가명)

서민주 선생님은 친구 같은 선생님과 호랑이 같은 선생님을 오가면서 아이의 감정을 전혀 읽어주지 못했다. 교사생활을 시작한 지 얼마 되지 않아서인지 이론적으로는 알고 있지만, 막상 실천하려고 하면 안 되는 부분이 많았었다. 서민주 선생님은 아이의 감정을 받아주는 법, 수업의 구체적인 기술 등을 배웠다. 그리고 프로젝트가 진행되는 동안, 곁에 있는 사람이 느낄 수 있을 정도로 매우 밝아졌다.

“예전 같으면 아침부터 아이들을 보면서 ‘아, 오늘은 또 무슨 소동을 일으켜 나를 힘들게 할까?’ ‘아, 저 말썽꾸러기 드디어 왔네’라고 걱정부터 됐는데, 이제는 아이를 바라보는 데 마음의 여유가 생긴 것 같아

요. 여유가 생기니까 화나고 짜증이 날 때 한 번 더 아이들 입장에서
생각하게 돼요. '나라면 어땠을까?'라고 생각하니 이제는 아이들을
대하는 것이 더 쉬워졌어요. 제가 그렇게 되니 아이들이 예전보다 저
를 더 존중해주고 존경해주는 것이 느껴지더군요. 저를 이제야 선생
님으로 봐주는 것 같아요."

– 초등학교 6학년 담임교사 서민주(여, 가명)

아이들과 함께 뛰지 않는 체육교사였던 조동미 선생님은 교사로서
'열정'이 없는 듯 보인다는 충격적인 말을 들었었다. 사실 프로젝트에
참여할 당시 조동미 선생님은 '교사를 그만두고 싶다'라는 생각을 가지
고 있던 터였다. 하지만 6개월 후 선생님은 아이들과 호흡하는 교사로
바뀌었다. 먼저 웃어주고 먼저 안아주는 사람이 되어 있었다.

"프로젝트가 진행되는 동안 중간 중간 제 자신에 대한 희망이 보였어
요. 그런데 지금은 확신이 생겨요. 변화하려고 노력하니까 변했다는
것이 가슴 벅차고요. 조금 더 제가 원하는 교사의 모습에 가까워지고
있다는 것에 가슴이 뭉클합니다."

– 중학교 체육교사 조동미(여, 가명)

'우리 선생님이 달라졌어요' 프로젝트는 교사 코칭 프로그램이었다.
제작진이 촬영을 시작할 당시엔 교사가 교사의 역할을 잘 해나갈 수 있
도록 여러 가지를 지도하고 지원하는 것이 목적이었다. 초점은 당연히
좋은 선생님의 자질, 기술, 역할에 맞춰져 있었다. 때문에 전문가도 교

수법의 세계적인 권위자 조벽 교수, 감정 코칭 전문가 최성애 박사, 숙명여자대학교 교육학부 이재경 교수를 섭외했었다.

그런데 6개월 후 다섯 선생님은 단지 좋은 선생님으로서의 마음가짐이나 기술만 얻은 것이 아니었다. '자신이 행복해지는 법', 진정한 나를 찾은 듯 보였다. 아이들을 위해, 자기 자신을 위해, 좋은 선생님이 되기 위해 노력하는 사이, 다섯 선생님은 한층 더 성숙해져 있었다.

교육학자 리들F.Reedle과 바텐버그W.W.Watenberg는 교사의 역할을 10가지도 넘게 열거했다. 교사는 사회가치와 규범 그리고 생활양식을 전하는 사회의 대표자가 되어야 하고 학교생활에서 수행하는 수많은 일의 판단자도 되어야 한다고 했다. 당연히 지식자원을 전달하는 역할도 해야 하고 학습 조력자로서의 역할도 필요하다고 했다. 또한 교실 안에서 일어난 아이들의 갈등과 대립에는 심판자와 훈육자로서도 우뚝 서야 한다고 보았다.

리들과 바텐버그는 교육을 받은 아이들이 인간으로서 성장하는 과정에 놓여 있는 만큼, 교사는 아이가 건강한 인간으로 성장할 수 있게 동일시할 수 있는 대상이 되고, 불안을 제거해주며 자아를 옹호해주고, 때로는 부모가 되어주기도 해야 한다고 말한다. 성장과정에서 발생하는 좌절감이나 적대감도 교사가 품어주어야 한다. 정리하자면 교사는 아이를 한 인간으로서 성장시키는 중요한 역할을 담당하고 있다는 것이다.

하지만 그 누가 '교사'라는 이름표를 달자마자 이 많은 역할을 완벽하게 해낼 수 있을까? 흡사 성인聖人에 가까운 교사의 역할을 단지 대학을 마치고 몇 번의 연수를 거친다고 갖출 수는 없다. 아이들 속에서 살며 부족한 것을 스스로 갖춰가야 한다. 부족한 것을 찾으려면 아이들과 부

딪혀야 한다. 아이들에게 묻고 아이들의 눈으로 자신을 보아야 한다. 그
래야 무엇을 갖춰야 하는지, 어떻게 갖추어야 하는지가 보인다. 선생님
은 아이들 속에서 성숙해지는 존재이기 때문이다.

아이와 학교를 변화시키는 힘, 선생님

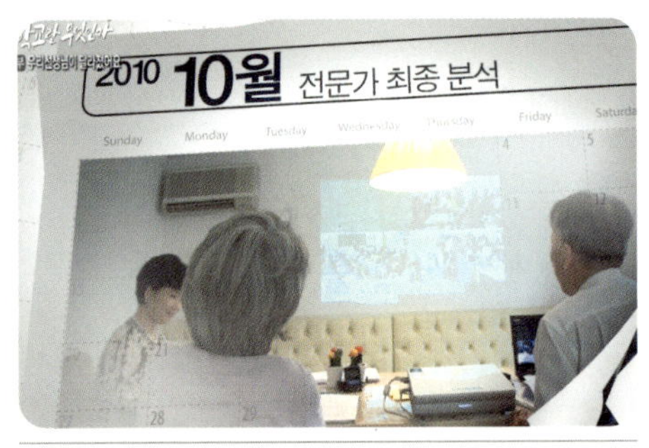

전문가의 최종 분석은 어떻게 됐을까.

2010년 10월, 다섯 선생님의 최종 분석을 하며 조벽 교수가 말했다. 4월에 촬영한 첫 수업현장의 모습과 10월에 촬영한 마지막 수업현장의 모습을 비교한 뒤였다. "지금 우리는 다섯 선생님의 코칭 전후를 모두 보았습니다. 저는 한 가지 공통점을 발견했습니다. 그것이 무엇인지 혹시 느끼셨나요?" 다섯 선생님은 모두 고개를 갸우뚱거리고 서로의 얼굴을 쳐다보았다.

:   "선생님들께서는 조금 변하셨어요. 그런데 그 결과로 우리 학생들의
모습은 많이 변했습니다. 학생들을 변하게 하기 위해서는 우리가 먼
저 변해야 한다는 것을 다시 한 번 확인했습니다."

그러고 보니 다섯 선생님 반 아이들은 4월의 그때와 많이 달라져 있

었다. 아무리 소리를 질러도 꿈쩍도 안 하던 아이들이 선생님의 손짓으로 조용해졌고, 겁에 질린 모습으로 수업을 받던 아이들의 표정에 생기가 돌았다. 수업 시간만 되면 잠잘 준비부터 하던 아이가 이제는 수업이 끝날 때까지 선생님에게서 눈을 떼지 않았다. 물어도 대답도 하지 않던 아이가 선생님께 자기 이야기를 하기 위해 손을 들었다.

선생님이 변하니 아이들이 변한 것이다. 그토록 노력해도 변하지 않던 아이들이, 선생님이 변하니 스스로 변했다. 하지만 아이가 변하기까지는 긴 시간이 걸린다. 만약 내가 오늘부터 변했다고 내일 당장 아이가 변하기를 기대한다면 금세 실망하거나 좌절할 수 있다.

변하기로 마음을 먹었다면 여유를 가져야 한다. 지금 진정 소중한 것이 무엇이고, 덜 중요한 것이 무엇인지를 판단하여 중요한 것에는 여유를 가져야 한다. 단번에 모든 것을 해결하려 들지 말고, 작은 변화에도 만족하며 기다릴 줄 알아야 한다. 그래야 학교도 변할 수 있다.

조벽 교수는 『나는 대한민국 교사다』라는 자신의 저서에서 미국 미시간 공과대학 럼스데인Lumsdaine 박사의 연구를 소개한 바 있다. 럼스데인 박사는 여러 대학의 공대생들을 대상으로 두뇌의 변화를 조사하였다고 한다.

입학 전과 졸업 후 공대생의 두뇌 변화를 살펴보았더니 졸업할 즈음에는 분석적인 뇌만 압도적으로 발달되어 있었다. 하지만 현대 사회는 기술경쟁이 필수고 그러려면 공대생이라도 창의력이 반드시 필요했다. 공학계는 이 연구결과로 큰 혼란에 빠졌다. 원인을 찾기 위해 럼스데인 박사는 이번에는 공대 교수들의 두뇌를 찍어보았다. 놀랍게도 교수들의 두뇌 역시 학생들의 두뇌와 똑같이 발달되어 있었다고 한다. 학생들이 바뀌려면 역시 선생님이 바뀌어야 한다는 결론이다. 조벽 교수는 이 연구결과를 소개하면서 다음과 같이 말했다.

"학생은 수업을 받은 것이 아니라 교사를 받아들인다."

이것이 아이를 변화시키기 위해 선생님이 먼저 변화해야 하는 가장 큰 이유이다.

희망을 품은 학교

요즘의 교육환경은 참 좋지 않다고들 한다. 학생인 아이들에게나 선생님에게도 마찬가지다. 아이들의 머릿속에는 불신, 실망, 어떤 경우에는 어른들에 대한 증오가 가득 차 있다. 아이들은 '학교는 배우고 발전하는 곳이라고 생각했는데, 다녀보니 감옥'이라고 말한다. 소수의 잘못된 선생님보다 나아지려고 노력하는 수많은 선생님이 있음에도, 아이들을 감옥에 몰아넣고 망치는 것이 선생님이라고 말한다.

이런 현실은 선생님들을 절망시킨다. 아이들, 부모, 사회 모두 선생님 탓만 하니, 억울하고 의욕도 생기지 않을 만하다. 하지만 그래도 포기해서는 안 된다. 꿈과 희망을 품어야 한다. 선생님이 절망하면 아이들은 학교에서 건질 것이 없다. 꿈과 희망이 없는 사람들에게서 어떻게 '꿈과 희망'을 건지겠는가? 그렇다면 어떻게 희망을 찾아야 할까?

코칭 프로그램에 참여했던 한 선생님이 스스로를 대견해하며 제작진에게 말했다. 고맙다는 말과 함께 "내년이 참 기대돼요. 그 다음 해도 기대되고요. 앞으로의 교사생활이 기대된다는 것, 그것이 프로젝트에 참여한 가장 큰 소득 같아요"라며 인사를 건넸다. 우리의 가장 큰 소득도 그것이었다. 선생님들이 희망을 선택했다는 것.

사람들은 흔히 '교사가 변해야 교육이 바뀐다'라고 쉽게 말한다. 학교 교사를 바라보던 우리의 시선은 어떠했는가. 비난하고 혼내기만 했지, 그들을 진심으로 믿어주고 지지하는 것은 부족하지 않았는지 한번쯤 생각해볼 일이다. 우리 선생님들은 지금도 매일매일 조금씩이라도 나아지려고 노력하고, 더 나은 미래를 확신하고 있다. 우리 아이들의 학교에 희망이 보였다.

선생님을 흉보는 아이,
어떻게 코치할까

아이들은 집에 돌아오면 학교에서 있었던 일, 선생님 말씀 등에 대해 시시콜콜 얘기한다. 듣다 보면 타일러야 할 이야기도 있고, 화가 나는 이야기도 있고, 이해가 잘 되지 않는 이야기도 있다. 부모는 어떻게 말해주면 좋을까? 대표 상황 몇 가지를 뽑아 해답을 알아본다.

1. 선생님에게 혼난 경우

초등학교 4학년인 민호는 오늘 숙제를 가져오지 않았다는 이유로 선생님에게 엄청 혼이 났다. 민호 말고 숙제를 가져오지 않은 아이들이 더 있었지만, 선생님은 유독 민호만 혼을 냈다. "정신을 어디다 두고 다니는 거야?" "선생님 말이 우스워?"라고까지 했단다. 이전에도 괜한 일로 혼이 난 적이 많다고 생각했던 민호는 선생님이 자신을 유독 미워한다고 말했다.

➡ 일단 아이의 속상한 마음을 충분히 받아주어야 한다. 그리고 선생님이 잘못한 점, 내 아이가 잘못한 점 등을 상처가 되지 않게 이야기해준다. 그래도 여전히 너를 사랑하는 사람이 더 많다는 이야기를 해준다.

"그래, 그랬구나. 선생님이 너무 하셨네. 많이 속상했구나. 엄마라도 기분이 안 좋았을 거야. 네가 잘못을 하긴 했지만 그래도 선생님이 학생에게 그런 말이나 행동을 해서는 안 되는데, 선생님이 그 부분이 좀 부족하신 것 같구나. 네 마음이 정말 아팠겠다. 하지만 선생님이 널 미워한다고 해도, 모든 사람들이 널 미워하는 것은 아니야. 그보다 너를 좋아하는 사람이 훨씬 더 많다는 것을 항상 기억하렴. 그리고 네 말이나

행동 중에 선생님이 싫어하는 점이 있었는지 생각해보자. 그것은 네가 살아가면서
고쳐야 하는 것일 수도 있거든."

2. 선생님을 무턱대고 폄하하는 경우

중학교 1학년 은찬이는 집에 들어오자마자 선생님 흉을 한아름 늘어놓았다. "엄마, 진
짜 이상하지 않아? 무슨 선생님이 그래? 애들도 다 우리 선생님 진짜 왕 짜증이래. 가
끔 정신병자 같다니깐."

➡ 누가 봐도 조금 이상한 행동. 그래도 부모들은 예로부터 부모나 선생님을 공경하라
고 배운 탓에, 선생님의 흉을 보는 아이가 어색하다. 하지만 아무리 존경스러운 선생
님도 모든 것이 완벽할 수는 없다. 부분의 잘못이 있다면 흉을 봐도 된다. 부모도 마
찬가지다. 부모를 너무나 사랑하지만 아이가 부모의 어떤 한 면은 흉을 볼 수도 있는
것이다. 그럴 땐 아이의 말에 맞장구를 치며 편하게 대화를 나눠도 좋다.
단, 아이가 선생님에게 욕이나 지나친 표현은 쓰지 않도록 하고, 그것으로 선생님 전
체를 평가하지 않도록 조심한다. 조언을 할 때는 "선생님한테는 그래서는 안 되는 거
야"라고 하지 말고, "사람에게는 그런 표현은 써서는 안 되는 거야"식으로 일반화시
키도록 한다.

3. 선생님의 자질을 탓하는 경우

잠자기 전 목욕시간, 엄마는 민욱이에게 "오늘 학교에서 재미있었어?"라고 물었다.
엄마는 민욱이의 하루하루가 참 궁금하다. "아니. 친구랑 싸웠는데, 이상하게 선생님이
나만 혼내더라." "너만? 정말?" 엄마는 당장 선생님에게 사실 확인을 하려다가 일단 싸
운 친구네 집에 전화를 걸어 상황을 물었다. 그런데 친구의 말과 아이의 말이 사뭇 달
랐다.

➡ 엄마는 흥분하지도, 화를 내지도, 다그치지도 말고 아이에게 상황을 차근차근 물어
  야 한다. 분명히 "엄마는 혼내려는 것이 아니야. 사실을 알고 싶을 뿐이야"라고 말
  하고, 혹여 아이가 혼이 날 상황이라도 약속은 지켜야 한다. 다그치면 아이는 자신
  의 잘못은 축소하고 상대의 잘못은 부풀릴 수 있다.
  만약 아이의 잘못인 것이 드러났다면 "선생님은 학교에서 지켜야 할 질서와 규범을
  가르쳐주시기 위해 그런 거야"라고 말해준다. 선생님은 다른 사람과 더불어 살아가
  면서 필요한 질서와 규범을 가르쳐주시는 역할도 있기 때문에, 질서와 규범을 어긴
  사람을 더 혼낼 수밖에 없다고 알려준다. 만약 선생님이 잘못한 것 같다면 아이의 편
  을 들어주며 그것은 '선생님 잘못'이라고 단호하게 말해준다. 사실 확인을 위해 교사
  상담을 하는 것은 권하지 않지만 혹여 만나게 된다면 되도록 감정적인 표현은 자제
  하고 사실만 말하도록 한다.

4. 선생님의 능력을 탓하는 경우

얼마 전 나온 지혜의 중간고사 성적표를 보니, 수학 성적이 바닥이었다. 40명 중 35
등. 엄마는 지혜를 불렀다. "지혜야, 이제 중학교 2학년이야. 네가 공부하기 영 어려운
과목은 함께 대책 좀 생각해보자." 그런데 아이 말이 "엄마, 선생님이 너무 못 가르쳐.
도통 무슨 소린지 알아들을 수 없어."

➡ 아이가 이렇게 말하면 엄마는 대뜸 "그럼 다른 아이들은?"이란 말을 하고 싶을지도
  모른다. 엄마가 보기에는 공부도 전혀 하지 않은 제 책임도 있는데, 아이가 선생님
  탓만 하니 화가 날 수도 있다. 그런데 이때 다른 아이가 잘하는지 못하는지, 선생님
  이 잘 가르치는 못 가르치는 지를 따지고 들어가면 아이와 싸움밖에 되지 않는다. 사
  실 선생님이 정말 못 가르친다고 해도 엄마가 나서서 바꿀 수는 없는 노릇이다. 혹여
  너무 심각하게 못 가르치는 선생님이라면 다른 엄마들과 상의하여 집단으로 항의 또

는 시정을 요청하는 것이 낫다.

우선은 아이에게 "선생님이 어떤 점을 못 가르치시는 것 같니? 어떻게 가르치시는 것이 잘 가르치는 것이라 생각하니? 너는 어느 부분이 제일 이해가 안 돼?"라고 아이의 입장에서 의견을 묻는다. 엄마도 "아 그렇구나, 엄마도 그 부분은 문제인 것 같다고 생각해"라고 수긍을 해주고, "그래도 우리가 선생님을 바꿀 수는 없어. 그럼 이제 어떻게 해야 할까? 다른 아이들은 어떻게 공부한다고 하니?"라고 말해 아이 스스로 대책을 마련할 수 있도록 유도한다.

"" 학교는 과연 아이들에게
무엇을 가르쳐야 하는가 ""

Part 3

감동의 지식,
최고의
커리큘럼을
찾아서

좋은 선생님만으로 학교가 완전히 달라질 수는 없습니다.

학교에는 아이들에게 최적화된, 그리고 교육 목적에 부합하는

올바른 커리큘럼이 있어야 합니다.

학교가 아이들에게 무엇을 가르쳐야

아이들이 자유롭게 꿈꾸고,

배움의 기쁨을 느끼며,

자신의 능력을 마음껏 발휘할 수 있을까요?

답을 찾기 위해 최고의 고등학교를 찾아보았습니다.

그곳에서 아이들은 출세가 아닌, 세상을 위한 공부를 합니다.

서로 소통하고, 시간을 소중히 여기며, 현실을 인내하고,

세계의 리더로 자라날 꿈을 꾸고 있었습니다.

그들이 지향하는 좋은 수업에서는

끊임없이 질문하는 아이들,

배려하는 마음을 먼저 배운 아이들,

그런 아이들로 넘쳐납니다.

우리 학교와 교사는 어떠한 교육 철학을 가져야 할까요?

Chapter 1

시간을 창의적으로 채운다

1분도 허투루 흘려버릴 순 없다

"그대는 인생을 사랑하는가? 그렇다면 시간을 낭비하지 말라. 왜냐하면 인생은 바로 시간으로 이루어져 있기 때문이다."

— 벤저민 프랭클린

전 세계 1,800만 명이 사용한다는 다이어리의 대명사 프랭클린 플래너는 시간을 관리하고 싶어 하는 사람들의 필수품이 된 지 오래다. 이 다이어리의 창시자인 벤저민 프랭클린Benjamin Franklin. 그는 자신만의 수첩을 만들어 매일 기록하고 자신의 시간과 행동을 관리한 것으로 유명하다. 하루의 일정을 시간별로 자세히 적고, 잘못한 것이 있으면 점을 찍어 표시한 후 잠자리에 들기 전에는 그날을 돌아보고 자신을 반성했다고 한다.

　그에게는 정치가, 과학자 외에도 저술가, 외교관, 비즈니스 전략가, 신문사 경영자 등 많은 수식어가 따라붙는다. 가난 때문에 정규교육을 2년밖에 받지 못한 그가 수많은 분야에서 최고의 자리에 오를 수 있었던 것은 철저한 시간 관리 덕분이다.

　시간 관리는 성공적인 삶의 필수 조건이다. 업무에 쫓기는 비즈니스맨에게만 해당되는 얘기가 아니다. 학업에 바쁜 우리 아이들에게도 마찬가지. 제작진은 입학생들에게 가장 먼저 '시간을 스스로 관리하는 법'을 가르친다는 민족사관고등학교를 찾아가 보았다.

　학생들은 스스로 1분 단위로 쪼개진 하루 계획표를 세우고 철저하게 지켜나간다. 계획표에는 정해진 수업시간 외에도 하루 24시간으로는 도저히 소화할 수 없을 것 같은 일정들로 빼곡하다. 식사시간에 모여 토론을 벌이고, 점심시간을 쪼개 동아리 활동을 하는 모습은 민사고에서 흔한 풍경. 잠시도 허투루 보내는 시간은 없다.

강원도 횡성 산자락에 자리한 민족사관고등학교 기숙사. 오전 6시, 벽에 달린 스피커에서 음악이 흘러나오자 그제야 힘겹게 몸을 일으키는 아이들. 기상 벨이 울린 지 정확히 27분 후, 아이들은 일제히 운동복을 입고 체육관에 모여 죽도를 휘두른다. 매일 아침 6시 27분에 시작되는 '아침기'는 몸을 단련하고 마음을 수양하기 위한 필수 코스다. 건강한 몸에 건강한 정신이 깃든다는 것이 민사고의 생활철학.

아침기를 마친 아이들이 아침 식사와 자율학습을 마치고 등교 준비를 한다. 기숙사 앞에는 지각하는 학생들을 단속하기 위해 선도부가 지키고 서 있다. 8시 2분까지 기숙사 앞을 통과해야 지각을 면할 수 있다. 1분 남았다고 경고했던 선도부는 정확히 1분 후 "지각입니다!"를 외쳤다.

강원도에 위치한 민족사관고등학교.

민족사관고등학교의 지각 기준 시간은 8시가 아니라 8시 2분이다. 1분의 소중함을 깨닫게 하기 위한 이 학교만의 시간 계산법이다. 그나마 8시 7분까지 기숙사를 통과한 아이들은 앉았다 일어나기 벌을 받고 바로 등교할 수 있지만, 7분을 넘기면 학생 법정에 출두해 재판을 받아야 한다. 지각이 일주일에 세 번이면 그날의 지각 여부와는 상관없이 법정에 가야 한다.

밤 9시 15분은 저녁 문안인사인 '혼정' 시간. 기숙사 강당에 모여 사감 선생님의 훈화를 듣는다. 모든 시간이 1분 단위로 계산되는 학교. 민사고의 1분은 말 그대로 황금처럼 소중하다. 이것이 미국 명문대 진학률 세계 1위를 이룬 비결이다.

"시간은 돈과 같다. 하루 24시간을 24억 원과 비교해보자. 1시간은 1억 원이다. 10분은 1,500만 원의 가치가 있다. 누구든지 자기 은행 계좌에서 도둑이 돈을 빼간다면 매우 화가 날 것이다. 그러나 잡담, TV시청, 불필요한 시간들이기 등 시간 도둑이 와서 자기 시간을 빼앗는 것에 대해서는 눈 하나 깜짝하지 않는다."

– 하이럼 스미스

비판 철학의 창시자 칸트 역시 시계보다 더 정확하게 시간을 지킨 것으로 유명하다. 어린 시절 병약했던 그를 위해 부모는 늘 규칙적인 생활을 하도록 주의를 기울였다. 그 덕분에 그는 어른이 되어서도 계획적으로 시간을 보내는 습관을 들였다. 어찌나 철저했는지 주변에서는 "저기 칸트가 지나가니 지금은 오후 6시 15분이겠군" 하며 그의 일상으로 시간을 추측했을 정도였다.

세계적인 경영학자 피터 드러커, 마이크로 소프트의 빌 게이츠, 세기의 발명가 토머스 에디슨, '철의 장막' 윈스턴 처칠, 전 세계에 자신의 이름을 내건 연구소를 설립한 자기계발 전문가 데일 카네기, 조선의 실학자 정약용, 모두 시간을 황금처럼 소중히 여기고 철저하게 관리한 위인들이다. 이들에게는 또 하나의 공통점이 있다. 바로 어려서부터 시간

시간을 철저히 관리하는 민족사관고등학교의 아이들.

관리 습관을 들였다는 점이다.

민족사관고등학교 2학년 성민이는 학생행정부위원장을 맡으면서도 축구동아리 활동과 공부에 소홀한 법이 없다. 그야말로 하루를 48시간처럼 보낸다. 하지만 성민이도 갓 입학했을 때는 자기가 좋아하는 축구에만 대부분의 시간을 할애하는 등 시간 관리에 익숙하지 않았다. 2학기가 되고, 2학년이 되면서 어떻게 생활해야 하는지 차츰 알게 되었다고 한다.

스스로 시간을 관리하는 방법을 알려주고 훈련시키는 것이 가정, 부모만의 역할은 아닐 것이다. 시간의 소중함, 그리고 그 소중한 시간을 어떻게 활용해야 하는지 우리 아이들이 깨우치고 실천하도록 이끄는 것도 학교에서 이뤄져야 할 중요한 교육이 아닐까.

창의적인 활동을 위한 시간들

민사고 아이들은 지독한 공부벌레다. 하지만 그 아이들이 열일 제쳐두고 공부만 하는 건 아니다. 하버드대학교 4학년에 재학 중인 이지현 양은 말한다. "대부분의 한국 고등학교들은 학생들에게 공부만 시키고, 열심히 공부를 해도 계속해서 더 많은 공부를 강조해요. 하지만 제가 다

   ■ EBS 교육대기획 학교란 무엇인가

넸던 민족사관고등학교는 기본적인 정규 수업 외에도 학생들이 창조적

인 활동을 할 수 있는 시간을 많이 만들어 줬어요."

12시 점심시간. 고요했던 학교가 떠들썩하다. 다들 식당으로 가는데 2학년

민지는 다른 방향으로 발걸음을 재촉한다. 민지가 도착한 곳은 밴드 연습실.

보컬을 맡은 민지 외에 몇몇 아이들이 이미 각자 맡은 악기 앞에 자리를 잡

고 있다. 곧이어 시작되는 연주. 드럼이 시작을 알리자 기타와 건반 연주가

이어지고 민지의 노래가 시작된다. 다들 공부벌레인 줄만 알았는데 연주 솜

씨가 보통이 아니다.

밤 10시. 아이들이 강의실에 모였
다. '월드컵 상업화'에 대한 찬반토
론 시간. 모두 자리를 잡고 앉자 한
학생의 발표가 시작된다. "구체적으
로 이야기 하자면, 23만 5,000명의
관광객이 남아공을 방문할 것이라

고 예상됩니다. 우리가 월드컵을 보지 않을 경우에도 말이죠."

2주 후, 남아프리카공화국에서 열리는 영어토론대회에 참가하기 위한 연습

중이다. 발표에 대한 질문이 끝난 후, 학생행정부위원장 성민이가 발표 기회

를 잡았다. 찬반토론이라 반대편의 반론도 만만치 않다.

아이들이 연설자로서의 역할과 팀워크를 이해한다는 것이 오늘 연습의 목

적. 선생님은 아주 성공적이라는 평이다. 사실 오늘 연습은 1시간 전에 주제

를 공지하면 발표 내용을 준비하는 '즉흥 연설'이었지만, 아이들은 자정이

가까워서야 자리에서 일어선다.

점심을 거르면서까지 밴드 연습에 참여하는 민지. 밤늦은 시간까지 뜨거운 토론을 벌이는 성민이. 이 아이들이 숙제나 공부도 아닌 일에 이렇게까지 열심인 이유는 무엇일까.

민족사관고등학교는 아이들의 각기 다른 소질과 적성, 다양한 진로 목표를 최대한 실현할 수 있도록 정서와 신체 발달을 돕는다는 교육 원칙을 갖고 있다. 또 창의적 인재를 육성한다는 방침으로 학교 특성에 맞는 다양한 자율활동, 봉사활동, 동아리활동 등을 운영하고 있다. 그중에서도 동아리 활동은 언론에도 자주 소개되는 민사고만의 자랑이다.

민사고에는 현재 120여 개의 동아리가 있고, 아이마다 평균 3~4개의 동아리 활동을 하고 있다. 무려 10개가 넘는 동아리에서 활동하는 아이도 있다. 공연, 운동, 사진 촬영, 요리, 다도 등 분야도 다양하다. '기쁨 공부방'과 '기아대책'은 어려운 아이들을 돕는 봉사동아리. '불휘기픈나모'와 '민족헤럴드'는 신문이나 소책자를 펴내는 출판 동아리다.

이런 활동은 아이들에게 학교에서 느끼는 답답함을 풀고 각자의 취미나 특기를 살리는 더 없이 좋은 기회가 된다. 모든 동아리 활동은 학생들을 위해, 학생들에 의해 이루어지는 것이 원칙이지만 각 동아리마다 지도교사가 있어 더 체계적이고 성숙한 모습으로 발전해간다. 매년 서류와 면접심사, 오디션 등을 통해 신입 회원을 선발하는 만큼 아이들이 자신의 동아리에 가지고 있는 자부심도 대단하다.

개별탐구활동인 IR도 민사고 아이들이 창의적인 사고를 갖게 하는 데 큰 역할을 한다. 민사고에서는 정규 교과 외에 매주 8시간씩 아이들 스스로가 선택한 분야에서 개별적으로 심층 연구를 할 수 있도록 지원하고 있다. 아이들은 정규 학기 중에는 7, 8교시를 이용하고 방학 중에는 17일간의 계절 학기를 통해 외부체험, 봉사활동을 포함한 다양한 과정에 참여하고 있다.

2학년 연우는 쓰레기 매립지 환경 개선에 대한 프레젠테이션으로 한창이다. "이 쓰레기를 매립지 복토에 적용함으로써 중금속 제거도 할 수 있고, 미역 폐기물을 재사용한다는 두 가지 목적을 가지고 연구를 했습니다." 가만 보니 교실엔 연우와 지도교사 한 명뿐이다. 선생님 앞에서의 단독 발표. 시험을 보는 게 아니다. 연우는 조만간 터키에서 열리는 국제환경 올림피아드에 출전할 준비를 하고 있다.

기말고사에서 몇 등을 해야 원하는 내신을 받을 수 있을까, 이번 논술엔 어떤 문제가 나올까 대신 어떻게 하면 쓰레기 매립 환경을 개선할 수 있을까를 생각하는 아이. 게다가 소수의 아이들에게 전문 분야를 지도하고, 개인의 심층 연구를 지도한다는 것은 대학원에서나 상상할 수 있는 일이 아닌가. 민사고에서는 그야말로 맞춤형 학습, 자기주도적인 학습이 이뤄지고 있었다.

특별활동이라고는 고작해야 일주일에 1시간 HR이 전부이고, 그나마도 학년이 올라가면 없애거나 자율학습으로 돌리는 게 우리가 만날 수 있는 일반적인 중고등학교의 현실. 밴드나 연극, 사진, 미술 등의 동아리가 있다 해도 취미생활이라기보다 입시를 위한 활동인 경우가 대부분이다. 전교생이 모두 같은 수업을 듣고 정해진 대로 움직이는 학교 안에서 아이들이 과연 창의적인 생각을 할 수 있을까. 창의적인 사고력을 키우는 데 학교의 역할이 얼마나 중요한지 알 수 있는 대목이다.

자율의 효과는 아이에 따라 다르다

우리나라의 인문계 고등학교에서는 대부분 야간 자율학습 시간을 운영한다. 말이 자율학습이지 학생이나 부모의 의견에 따른 것이 아니라 학교 규칙이기 때문에 사실, 타율학습이라 해도 과언이 아니다.

최근 시·도 교육청별로 지정된 학생인권조례에 따라 야간 자율학습을 강제하는 것이 금지되었지만, 여전히 대부분의 학교가 자율학습을 포기하지 못하고 있다. 자기 관리 능력이 부족한 학생들에게 야간 자율학습은 꼭 필요하다는 시각 때문이다.

그러나 자율의 효과는 개인에 따라 천차만별이 될 수 있다. 어떤 아이는 강제로 책상에 앉혀두면 그나마 성적이 오르기도 하지만, 오히려 반항심에 공부를 더 하지 않거나 스스로 컨디션 조절에 실패해 학업능률이 오르지 않는 경우도 있다.

강제로 시켜서 성적이 오른다 해도 성인이 될 아이를 언제까지 정해진 스케줄대로 움직이게 할 수 있을지는 미지수다. 모든 부모들은 스스로 해야 한다는 것을 깨닫고, 잔소리하지 않아도 공부하는 아이, 즉 자기 주도적으로 학습하는 아이를 꿈꾼다. 하지만 여기에는 적절한 분위기 조성과 지원정책이 필요하다.

얼마 전 전교조의 설문조사 결과를 보면 학생들은 야간 자율학습의 효과를 별로 믿지 못하고 있는 것으로 나타났다. 인천 중고생 4,530명에게 질문한 결과, 야간 자율학습이 성적 향상에 효과가 있다는 응답은 불과 2%. 응답자의 71.7%는 전혀 또는 별로 효과가 없다고 답했다.

부모를 대상으로 한 설문 결과도 비슷한 양상을 띤다. 응답자의 69.4%가 사교육비 절감에 도움이 되지 않는다고 답했고, 58.9%는 아이의 학습에 도움이 되지 않는다고 했다. 강제적인 자율학습이 없으면 아이들은 능력을 잃어버리는 걸까.

모든 것이 자율로 결정되는 민족사관고등학교의 예를 보자. '학생 선택형 통합교육과정'을 택한 이 학교 학생들은 듣고 싶은 과목을 스스로 선택한다. 개개인의 차별성을 구현하기 위해 학년, 계열간 구분을 없앴다. 아이들은 각자의 소질과 적성에 따라 수업 과정을 선택할 수 있다. 스스로 관심 분야를 선택한 만큼 수업 준비는 언제나 철저하다.

민사고에는 강제적인 자율학습 시간이 없다. 식사, 아침기, 밤 문안 인사 등 몇 가지 정해진 시간 외에는 스스로 시간 계획표를 세우기 때문에 아이들은 양심에 따라 자율적으로 학습의 결과를 평가받는다.

공부하라는 잔소리도, 감독하는 선생님도 없다. 시험조차 감독이 없는 자율시험으로 치른다. 하지만 기숙사 식당은 늘 늦은 밤까지 학구열에 불타는 아이들로 북적인다.

졸음을 이기려고 벌 서는 자세로 책을 보며 수련이라 생각한다는 준상이도, 엄마와 동생의 사진을 머리맡에 붙여놓고 공부하는 민지도, 작은 충전등에 의지해 새벽을 지새우는 승연이도 누가 시켜서가 아니라 스스로 선택해서 공부한다. 민사고는 새벽 2시에 모든 건물의 불을 강제 소등하지만, 그 시간에 잠자리에 드는 아이는 별로 없다. 전기 없이도

스스로 자신을 관리하고 책임지는 민족사관고등학교의 아이들.

빛을 밝힐 수 있는 충전등은 이 학교 아이들의 필수품이 된 지 오래다.

물론 민사고 학생들이 자유롭기만 한 것은 아니다. 지각을 포함해 복장 위반, 청소 불량 등 26가지 교칙을 위반할 경우 매주 수요일에 열리는 학생 법정에서 재판을 받고, 여느 학교처럼 근신, 정학을 받기도 한다. 하지만 이 법정과 재판을 운영하는 것 역시 아이들의 몫이다. 민사고에는 학생자치위원회가 있어 교과활동 이외의 활동에 대해서는 학생들이 자치적으로 입법 – 사법 – 행정을 운영한다.

아이들 스스로 생활규정을 만들고, 이를 잘 지키도록 감독하며, 지키지 못한 경우 처벌안까지 마련하는 것이다. 자치적인 만큼 법정에서는 억울함을 호소하는 아이들의 최후 변론이 끊이지 않지만, 처벌이 내려지면 그대로 따를 수밖에 없다.

모든 자유, 자율에는 책임이 뒤따른다. 자율적으로 주어진 시간을 낭비하거나 자율적인 제도를 지키지 않을 경우 어떤 결과를 감당해야 하는지, 민사고 아이들은 잘 알고 있다. 입학과 동시에 시간 관리 방법과 더불어 '하고 싶은 일'과 '해야 할 일'을 조절하는 법을 배우기 때문이다. 진정한 지도자는 스스로 자신을 관리하고 감독할 수 있는 책임의식을 가져야 한다는 것이 민사고의 교육 방침이다.

민사고 2학년 준석이의 책상에는 이런 글귀가 붙어 있다. 'Everything changes. So why don't you cherish every moment?' 모든 것은 변하니 매 순간을 소중히 하라는 이 글귀를 보며 나태해질 때마다 마음을 다 잡는다는 준석이. 아이들이 자란다는 건 자율과 책임, 하고 싶은 일과 해야 할 일을 정확히 알아가는 과정이다.

세계를 위한 인재가 될 수 있도록

지금은 세계화시대, 국제화시대, 글로벌시대다. 그래서 어떤 교육이든 국내 최고가 아니라 세계 최고를 지향하고 글로벌 리더를 지향한다. 하지만 대부분의 국내 학교는 당장 코앞에 닥친 입시가 더 중요하다.

아이들을 세계적인 인재로 육성하기 위해 다양한 분야에서 기초를 다져주기보다는 다음 달에 있을 시험에 대비시키고, 당장의 좋은 결과를 재촉하기 바쁘다.

그래서 일부 부모들은 미국, 캐나다, 호주로의 유학이나 이민을 선택한다. 이들이 단지 아이의 영어 실력을 키우기 위해서만 그런 것은 아닐 것이다. 자율적이고 창의적인 사고, 사회성과 리더십, 타인을 배려하는 마음, 건강한 몸과 마음. 세계화시대에 필수라는 이 덕목들을 외국에 나가야만 배울 수 있다는 생각이 그들의 발길을 이끌었는지 모른다.

국내에는 아이들이 스스로 시간을 관리할 수 있도록 방법을 알려주고, 아이들의 소중한 시간을 채워주는 학교가 없는 걸까. 제작진은 다시 민족사관고등학교에서 희망을 찾았다.

오늘은 호르몬과 신경체계에 대한 프로젝트를 발표하는 날이다. "이것은 몸 전체에 있는 불활성 호르몬입니다. 그리고 두 번째 종류의 체계는 신경 체계입니다." 한 학생의 발표가 끝나기 무섭게 날카로운 질문들이 쏟아진다. "호르몬도 있지만 이러한 화학물질보다 더 상위에 있는 유형이 있지 않나요? 호르몬과 페로몬 사이에 말이에요" "그럼, 스테로이드와 콜레스테롤을 섭취해야 하나요?"

예상치 못한 질문에 식은땀을 흘리기도 하지만 늘 있는 일이라 당황스럽진 않다. 수업시간에 높은 수준의 질문과 답이 오가는 건 다반사. 그래서 수업에 참여하려면 학생도 교사도 늘 철저한 준비를 해야 한다.

이날 생물을 담당한 민사고 한 선생님은 수업의 주목적에 대해 '스스로 공부해서 스스로 깨우쳐 가는 기쁨을 느끼게 해주는 것'이라고 한마디로 요약했다. "발표 같은 것을 통해 좀 더 전문적으로 토론, 토의하는 문화도 심어주고 싶다"는 설명도 덧붙였다. 민사고는 교사의 설명을 듣는 강의학습과 학습 내용을 중심으로 학생들끼리 토의하는 토론학습, 개별적으로 사사 받는 개별학습의 3단계 교육을 도입하고 있다. 어느 수업이든 자유롭게 질문하고 토론하는 과정을 통해 아이들은 스스로 공부하는 즐거움을 깨닫는다.

그리고 이러한 수업, 토론, 발표는 모두 영어로 진행된다. 영어상용 정책에 따라 학생과 교사는 수업뿐 아니라 동아리 활동이나 학생 법정

등 교내에서 이뤄지는 대부분의 일상에서도 영어를 사용한다. 영어는 글로벌 리더로서 갖춰야 할 기본적인 능력 중 하나이기 때문이다.

민사고의 교육 목표는 일류대 진학이 아니라 세계를 무대로 활동할 리더의 양성이다. 그래서 아이들은 외국어를 포함해 독서, 봉사, 심신 수련, 고전, 학술, 예술 등 6가지 분야에서 일정 수준의 자격을 갖춰야만 졸업인증을 받을 수 있다.

이른바 '민족 6품제'로 불리는 이 과정은 영어뿐 아니라 중국어, 프랑스어, 스페인어, 독일어 중 하나를 필수로 이수해야 하며 태권도와 검도, 궁도 중 하나를 골라 심신을 수련해야 한다.

책은 최소 50권 이상 읽어야 하며 한자, 동서양 고전 등도 익혀야 한다. 한국인으로서의 혼과 전통을 이으며 세계 무대에 우뚝 서라는 뜻에서 교과과정에 학술과 예술 분야도 포함되어 있다.

3년간 최소 80시간 이상 봉사활동을 해야 한다는 규칙도 있다. 자칫 특권의식을 갖기 쉬운 아이들에게 자신보다 처지가 못한 이웃들을 위해 일하면서 남을 배려하는 마음을 배우고, 인류의 복지를 위해 일하는 봉사 정신과 자세, 인생의 의미를 깨닫게 하기 위함이다.

Chapter 2

수업은 함께 소통하는 것이다

그들이 말하는 나쁜 수업

대학교처럼 듣고 싶은 과목을 스스로 선택하며 스포츠, 음악, 미술, 문학 등 다양한 특기 활동을 하는 곳. 미국 고등학교에 대해 우리는 일

반적으로 이런 생각을 가지고 있다. 그러고는 그들의 자유와 열린 교육을 동경하곤 한다. 하지만 우리가 동경하는 미국 고등학교도 학교에 따라 교육의 질은 큰 차이가 나게 마련이다. 제작진은 '나쁜 수업'을 하지 않는다는 미국의 한 고등학교를 찾아가 보았다.

보아즈 로스 선생님이 허름한 상자에 무언가를 잔뜩 담아 교실로 들어온다. 잠시 칠판에 그래프를 그리고 설명을 하는가 싶더니, 한 학생을 일으켜 세운다. "하버, 잠깐 일어나 야구하는 흉내를 내줄래요? 자, 내가 공을 던졌어요" 교사가 투수처럼 공 던지는 시늉을 하자 학생이 타자가 되어 공을 치는 흉내를 낸다. 다시 상자 속 물건을 학생에게 던지는 선생님. "내가 던진 공이 날아가며 만들어내는 포물선을 보세요."
이것은 토머스 제퍼슨의 수학 수업. 아이들에게 공을 던진 것은 포물선의 원리를 이해시키기 위해서다.

토머스 제퍼슨에서 영어와 수학, 체육을 가르치는 보아즈 로스는 선생님 혼자만 계속 이야기하는 수업을 나쁜 수업이라 말한다.

"많은 교사들이 교육은 그저 학생들에게 많은 것을 주입하는 것이라고 생각하는데, 저는 그것이 올바른 교육방법이 아니라고 생각합니다. 토머스 제퍼슨에서는 그런 방식으로 교육을 시키지 않아요."

토머스 제퍼슨 학교의 또 다른 교실. 선생님이 아이들에게 묻는다. "종교란 무엇인가요?" "종교는 널리 퍼져가는 경향성이 있는 것 같아요. 왜냐하면 사람들은 다른 사람들이 자신이 생각하는 것과 똑같은 생각을 하기를 원하고, 똑같은 것을 믿기 원하니까요"라고 한 아이가 답한다.

"맞아요. 그렇다면 왜 그것이 그렇게 큰 문제가 되나요?" 선생님의 질문에 스스럼없이 앉아서 대답하는 아이들. 그런 아이들에게 선생님은 수업시간 내내 질문을 쏟아낸다.

토머스 제퍼슨의 수업시간은 35분밖에 되지 않는다. 이 35분 동안 아이들은 질문을 듣기 위해 교실에 온다. 무엇을 대답하든 틀렸다거나 그게 아니라는 평가를 받지는 않는다. 이 학교의 교실엔 정답이 없기 때문이다. 50분 내내 선생님은 칠판에 필기하며 설명하고 아이들은 받아 적기 바쁜, 수업 시간에 창의적인 질문은 보기 힘든 우리의 교실과는 사뭇 다른 분위기다.

우리 교실에는 "이것을 들어보세요. 무엇이 들리나요?"라는 선생님의 질문에 "절망이오"라는 창의적 대답을 하는 아이가 있을까. 하지만 토머스 제퍼슨 아이들은 자신의 생각을 말하는 데 조금도 망설임이 없다. 이번에는 이 학교의 쉬는 시간 풍경을 살펴보자.

| 토머스 제퍼슨 고등학교의 쉬는 시간 |
수업 끝을 알리는 벨이 울린다. 쉬는 시간이 시작됐는데도, 이 교실에는 네 명의 학생이 선생님을 둘러싸고 있다. 자세히 들어보니 오늘 영어 수업에서 배운 '시간'이라는 주제에 대해 열띤 토론을 벌이는 중이다.

"그래서 이 책에서 말하듯 시간을 트라우폼으로 보는 것이 가능한가요?" 한 여학생의 날카로운 질문에 선생님의 고민이 시작된다.

"다이아몬드처럼 말인가요? 마치 모든 시간이 한 장소에서 한번에 이루어지는 것처럼 말이에요?" "네" "그렇지 않아요. 모르겠어요. 아마도요."

토머스 제퍼슨 학교에서는 아이들만 질문을 받는 게 아니다. 아이들 역시 선생님을 당황하게 만드는 질문을 서슴지 않는다.

"35분은 하루의 수업을 끝내기에 충분한 시간이 아니에요. 영어 토론수업에서 우리는 그 당시 상황에 너무 몰두해서 머릿속에 새로운 생각이 떠올라도 그냥 계속 쌓이기만 하죠. 그래서 항상 생각이 마무리되지 않은 상태로 남게 되죠."

방금 전 시간에 대해 질문을 쏟아냈던 마히타 바라와즈는 이 생각들을 정리하기 위해 수업이 끝난 후 선생님을 찾아가 이야기를 나눈다고 말한다. 서로가 끊임없이 질문을 던진다.

이것이 미국 수학능력시험인 SAT에서 4년 연속 1위를 기록한 비결일까. 토머스 제퍼슨은 1946년 12명의 학생들과 함께 문을 열었다. 그것도 1920년대에 지은 낡은 건물에. 하지만 65년이 지난 지금은 SAT 평균 점수 1위, 개교 이래 대학 입학률 100%를 자랑하는 미국 최고의 명문고가 되었다.

이들이 학업 성적에만 열을 올리는 건 아니다. 1년에 여섯 차례씩 다양한 문화를 체험하는 수업도 진행한다. 금요일 저녁, 아이들이 한껏 멋 부리고 기숙사를 나선다. 전교생 84명이 모여 시내로 연극을 보러 가는 날이다. 오늘은 연극이지만 때론 야구경기를 보러 가기도 한다. 아이들은 잠시 학교를 떠나 또 다른 추억을 만든다. 이곳 아이들은 정규 수업 속에서 운동, 예술 등 다양한 문화를 체험하는 것이다.

토머스 제퍼슨에서 지구과학을 가르치는 제니퍼 구델 선생님의 말에서 우리 학교와 교사가 어떠한 교육철학을 가져야 할지 곰곰이 생각해 보자.

"제가 가장 좋아하는 학생들은 시험이나 퀴즈에서 만점을 받는 학생들이 아닙니다. 또 배우기 위해 질문을 할 필요가 없다고 생각하는 학생들도 아닙니다."

모르는 것을 스스로 발견한다

토머스 제퍼슨의 아이들은 이렇게 끊임없이 질문하고 토론하는 과정에서 지식과 지혜를 터득해 나간다. 이들이 모르는 것을 알게 되는 대부분은 선생님의 가르침이나 설명이 아니라 선생님, 그리고 친구들과의 '대화' 다. 그래서인지 이 학교를 졸업한 존 파워즈는 "대화가 정말 중요하다는 것을 배웠다"고 말한다. 그는 "다른 사람들과 대화를 하면서 서로의 관점을 이해할 수 있고, 그래서 우리는 배움이 우리의 삶과 어떤 연관이 있는지를 이야기했다"고 고교 시절을 회상했다.

아이들이 선생님 방 앞에서 아침에 제출했던 과제 노트를 받아간다. 조심스레 노트를 펼쳐보는 켈시 레크. "오! X⋯⋯." 아쉽게도 불합격인 X를 받았다. 카일도, 태드도 X다. 제작진은 실망하는 카일에게 다가가 조심스레 물었다. "X를 받을 거라고 예상하지 못했나요?" "네." "왜죠?" 카일이 말했다. "모르겠어요. 제가 잘 모르는 부분에서만 실수를 조금 했다고 생각했거든요."
합격한 아이들과 불합격한 아이들이 모여 노트를 보며 심각한 표정으로 대화를 나눈다. "이 남자 이름이 존이야? 제임스인 줄 알았는데?" "아니야. 다음에는 더 주의해서 읽어 봐." 지금 이 아이들에게 중요한 건 맞았냐 틀렸냐의 문제가 아니라 대체 왜 틀렸는지를 알아내는 일이다.

토머스 제퍼슨의 아이들은 매일 작문 숙제를 한다. OR_Outside Reading_이라고 불리는 이 작문 숙제는 노트를 제출한다고 끝나는 게 아니다. 채점하는 교사는 X를 받은 아이들의 노트에 일일이 왜 불합격인지 적어주지 않는다. 이른바 X 목록, 즉 어떤 경우에 X나 낙제를 받게 되는지 기본적인 채점 기준을 적은 프린트물만 나눠줄 뿐이다.

토머스 제퍼슨에서는 어린 아이들에게 밥을 떠먹이듯, 학생들에게 모든 것을 일일이 가르쳐주지 않는다. 아이들 스스로 발견하기를 원하기 때문이다.

"수업이 아기들을 가르치듯 모든 것을 다 제공해야 한다고 생각하지 않습니다. 배움에는 고통스러운 과정이 포함된다고 생각해요. 자신이 무언가를 모르고 있다는 점을 인정해야 하는데, 이것은 십대 아이들에게 매우 고통스러운 것이죠."

– 토머스 제퍼슨 학교 영어교사 보아즈 로스

이 학교에서는 '배움'이 고통스럽다. 공부하느라 잠이 부족해서, 놀고 싶은 것을 참아야 하기 때문이 아니다. 자신을 정확히 파악해 한계를 인정하고, 스스로 그것을 극복하려고 노력해야 하기 때문이다. 하지만 아이들은 이런 과정을 자연스럽게 받아들인다. 탈무드에 나오는 말처럼 배움의 고통을 참지 못하면 무식함의 고통을 겪게 될까 두려워서일까. 그보다는 배움을 진심으로 사랑하게 되기 때문이라는 말이 맞을 것이다.

스스로 배움의 과정을 터득해야 하는 토머스 제퍼슨의 아이들.

모르는 문제가 나오면 금세 해답을 펼쳐보는 아이들, 어떻게든 수학 공식을 외우게 하려고 노래까지 만드는 선생님. 어쩌면 여기저기 부딪치며 스스로 깨우치는 것보다 이런 방법으로 더 빨리 많은 지식을 얻을 수 있을지는 모른다.

하지만 1년, 2년이 지난 후 배움의 깊이에는 엄청난 격차가 벌어져 있을 것이다. 다산 정약용이 유배지에서 그의 자식들에게 보낸 편지에는 이런 구절이 있다.

"무릇 독서하는 도중에 의미를 모르는 글자를 만나면 그때마다 널리 고찰하고 세밀하게 연구하여 그 근본 뿌리를 파헤쳐 글 전체를 이해할 수 있어야 한다. 날마다 이런 식으로 책을 읽는다면 수백 가지의 책을 함께 보는 것이 된다. 이렇게 읽어야 읽은 책의 원리를 훤히 꿰뚫어 알 수 있게 되는 것이니, 이 점 깊이 명심해라."

자유롭지만 책임이 뒤따른다

토머스 제퍼슨에는 '6시 30분' 공부방이라 불리는 곳이 있다. 성적이 떨어진 아이들이 오후 6시 30분에 남아 공부하는 곳이다. 스스로 시간을 관리하지 못하는 아이들도 이곳에 와야 한다. 물론 선생님의 도움이 필요하거나 밤늦은 시간에 조용한 곳에서 공부하고 싶은 아이도 올 수 있는 곳이다.

이른 저녁. 빈 교실에 혼자 앉아 공부하고 있는 아이들이 보인다. 게이브 그 레이 버릭 선생님이 한 교실 문을 열고 들어간다.

"무엇을 공부하고 있나요?" "프랑스어요." "잘 되고 있나요?" "이 부분에 도 움이 필요해요." 한 아이가 선생님에게 도움을 청한다. "그래요. 기본적으로 영어에서의 a 혹은 an의 쓰임과 같아요. 알겠죠?"

선생님이 이번엔 다른 교실 문을 열어본다. 역시나 혼자 앉아 공부하는 학생 에게 다가가 말을 거는 선생님. 하지만 우리 아이들이 야간 자율학습 감독 교사가 들이닥쳤을 때 짓는 표정과는 사뭇 다르다. 아이들은 선생님이 있건 없건 공부에 열중하고, 진심으로 선생님에게 도움을 청한다. 이것이 토머스 제퍼슨의 '6시 30분 공부방' 풍경이다.

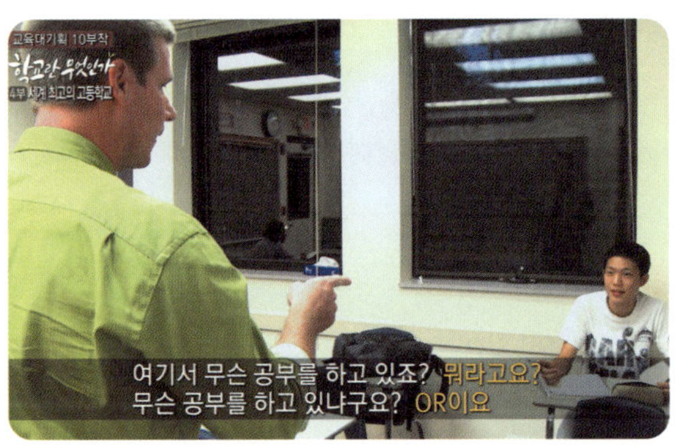

토머스 제퍼슨 아이들은 우리 고등학생들처럼 늦은 시간까지 자율학 습을 해야 하거나 방학에 보충수업을 들을 필요는 없다. 공부는 어디까 지나 자율에 맡기고, '6시 30분' 공부방을 도는 선생님도 아이들을 감 독하기 위해서가 아니라 아이들에게 도움을 주기 위해서 돌아다닌다.

수업시간에도 자유롭게 자신의 생각을 말하고 토론하는 학교.

　　"우리 학생들은 많은 자유를 가지게 됩니다. 그런 만큼 자유에는 책임
　　감이 따라오게 되죠."

– 토머스 제퍼슨 학교 수학교사 피터 라이트

　하지만 늘 자유롭기만 한 곳은 아니다. 이 학교에선 1년에 학점 D를
두 개 이상 받으면 퇴학을 당할 수도 있다. 스스로 시간 관리를 하고 앉
아서 공부하는 습관이 생길 때까지는 '6시 30분 공부방'을 비롯해 다양
한 방법을 동원해 훈련을 받는다.

　그래서 아이들은 수업 외에도 정말 많은 숙제와 공부를 '스스로' 해
낸다. 자유로운 만큼 책임을 묻는 곳, 또 그 책임을 다하기 위한 기본적
인 훈련을 실시하는 곳이 바로 토머스 제퍼슨이다.

　제작진은 토머스 제퍼슨이 '세계 최고의 고등학교'라고 자부하는 이
학교 선생님들에게 그 이유를 물었다. 돌아오는 대답에는 학교의 교육
이념이 고스란히 담겨 있었다.

　　"1984년에 이 학교를 떠났어요. 그리고 다른 몇몇 학교에서 가르치다
　　1993년에 이 학교로 다시 돌아왔어요. 이 학교처럼 좋은 학교를 찾을
　　수 없었기 때문이죠."

　　"저기 위에 이렇게 쓰여 있습니다. '학생은 스스로의 배움을 위해 책
　　임감을 키우고, 아름다움과 지성으로 세상을 고양시키려는 욕구를 가

진다.' 다시 말하면 우리는 학생들이 이 사회에서 생산적인 일원이 될 수 있도록 도와주고 있는 것이죠. 그리고 이것이 우리 학교가 가지고 있는 교육철학이라고 생각합니다."

프랑스 철학자 사르트르는 인간은 자유롭도록 운명 지워졌다고 했다. 그의 말처럼 우리의 선택과는 무관하게 이 세상에 던져졌지만, 우리가 살아가는 방식과 현재의 모습은 각 개인이 선택한 결과다.

우리는 끊임없이 자신의 미래를 선택해야 하며, 살아있는 한 이 선택은 결코 끝나지 않는다. 하지만 그는 자유가 존재하기 때문에 자신의 삶을 이끌어야 할 책임을 받아들여야 한다고 했다. 자유의 사전적 의미는 '외부적인 구속이나 무엇에 얽매이지 아니하고 자기 마음대로 할 수 있는 상태'다. 하지만 책임이 따르지 않는 자유는 방종이다.

> "자유라는 것은, 내 마음대로 행동하는 것이 아니다. 그것은 단지 혼란한 자기 마음을 그대로 내던지는 것밖에 안 된다."
>
> — 피타고라스

이제 막 고등학교를 졸업한 학생들은 온몸으로 자유를 느낀다. 철저한 통제와 감독, 정해진 틀 속에서 움직이던 그간의 생활에서 벗어났으니 자유를 만끽하고 싶은 건 당연하다.

그러나 그에 따른 책임에 대해서는 제대로 인지하지 못하는 경우가 많다. 지나치게 자유를 즐기다 대학생활을 망치는 경우도 많다. 단지 학점 얘기만 하는 것이 아니다. 20대 초반에 해야 할, 그 시기에만 할 수 있는 수많은 일들을 지나치는 것이다.

지금까지 스스로 인생을 결정하고 책임지는 삶을 살지 못했기에 어찌 보면 당연한 결과다. 모든 습관이 그렇듯 자유와 책임에 대한 것도 어릴 때부터 몸에 익혀야 한다. 하지만 우리 학교는 아이들에게 이렇게 말한다. 모든 것은 대학에 들어가서 즐기라고.

강제로라도 시켜야 그나마 공부한다며 아이들을 감시하는 우리 학교들에게 묻고 싶다. 우리 아이들이 스스로 삶을 선택하고 그에 대해 책임질 줄 모르는, 늘 의존하기만 하는 사람으로 성장하는 것에 대해 어떻게 책임질 것이냐고 말이다.

배움에는 고통스러운 과정이 포함된다고 생각해요.

아이들 스스로 배움을 터득하기를 바라죠.

Chapter 3

인내가 리더를 만든다

그들의 민족정신, 강인함

인도의 학교들은 대부분 시설이 열악하다. 그 유명한 공과대학에도 최첨단 자재들은 눈에 띄지 않는다. 우리의 90년대 교실처럼 책상과 칠판이 전부다. 교실이 부족해 한 교실에서 두 반의 수업을 동시에 진행하거나 공간이 없어 복도에서 자습을 해야 하는 학교도 많다.

미 항공우주국NASA 과학자의 36%, 미국 전체 과학자의 12%, 미국 전체 의사의 38%, 마이크로소프트 소속 엔지니어의 34%. 모두 인도인의 비율을 말하는 수치들이다.

우리에게는 세계 100위권 안에 드는 대학을 양성하는 것이 숙원이 되었지만, 인도에서는 세계 100위권 안에 들어가는 대학이 여럿이다. 다섯 손가락 안에 드는 학교도 있다. 여기에 인도에 대한 칭찬을 늘어놓는 이유가 있다. 제작진이 인도의 한 고등학교에서 우리 학교에는 없는, 우리 학교들이 배워야 할 교육을 보았기 때문이다.

인도 라자스탄주 아즈메르 시에 있는 공립학교 마요 컬리지. 마요 컬리지의 교실에선 인도의 고대 언어인 산스크리트어 수업이 한창이다. 누구 하나 조는 아이 없이 열중하는 교실 천장엔 90년대 우리 교실에서나 볼 수 있었던 선풍기가 돌아가고 있다. 38도가 넘는 무더운 날씨에 아이들은 교복을 입고 앉아 땀을 비 오듯 흘리지만, 이들의 더위를 식혀줄 수 있는 건 낡은 선풍기 몇 대뿐이다.

이번엔 쉬는 시간, 어딘가에 전화를 거는 아이들을 만났다. 학교에서 마련한 유선전화 앞에 두 명의 남학생이 앉아 있다. 오랜만에 부모님의 목소리를 들으니 아이들의 표정이 밝아진다. 이 학교 아이들은 그 흔한 휴대 전화가 없다.

미래의 지도자가 될 아이들에게, 인도엔 아직도 힘들게 살아가는 사람들이 많다는 사실을 가르치기 위한 학교의 방침 때문이다.

"처음에는 불편했죠. 하지만 그것이 마요가 우리를 가르치는 방법입니다. 에어컨 없이 선풍기만 돌아가는 열악한 환경에서 지내는 것을 통해 배웁니다." 마요 컬리지 12학년에 다니는 프라니트의 말이다.

인도에는 형편이 어려워 부모의 생계를 도우면서도 공부의 끈을 놓지 않는 아이들이 많다. 열악한 환경에서 공부하면서도 아이들은 누구

나 공과대학 입학을 꿈꾼다. 공과대학 입학을 위해 투자하는 기간은 보통 3~4년. 가난에서 벗어나는 유일한 열쇠이자, 세계로 진출해 꿈을 펼칠 수 있는 기회를 잡기 위해 그야말로 치열하게 공부한다.

마요 컬리지는 이러한 강인한 인도 정신을 아이들에게 심어주고 싶다. 세계를 이끄는 리더에게는 어떤 상황에서도 흔들리지 않는 강인함이 필요하기 때문이다. 소년인 채로 마요에 입학했던 아이들은 졸업할 때가 되면 어른이 되어 있는 자신을 발견하게 된다.

마요 컬리지 고등학교를 통해 우리가 발견하고 싶었던 것은 무엇일까. 에어컨 빵빵한 교실에서 공부하는 우리 아이들이 고생을 해봐야 정신 차린다는 얘길 하려는 게 아니다. 언제든 닥칠 수 있는 어려운 상황을 인내하고 극복해나갈 수 있는 힘을 길러주기 위해 학교가 해줄 수 있는 일이 무엇인지 다시 한 번 떠올려보자는 것이 우리의 바람이었다.

체력은 기본이다

우리 머릿속에 인도는 아직 손으로 밥을 먹는 후진국, 불교의 발상지 정도로 남아 있을지 모르지만, 사실 인도는 세계에서 일곱 번째로 인공위성을 쏘아 올린 과학 강국이자, 세계 2위의 소프트웨어 수출국이다. 노벨 물리학상을 받은 수브라마니안 찬드라세카르를 비롯해 물리학, 의학 등에서 노벨상 수상자를 4명이나 배출한 나라다.

| 마요 컬리지 고등학교의 일과 |

시계가 오전 5시 30분을 가리키자 오늘도 어김없이 요란한 종소리가 울린다. "일어나요! 모두 일어나요!" 아직 날이 밝지 않은 새벽이지만, 지도교사들은 학생들이 단잠에 빠져있는 기숙사 방까지 들어와 학생들을 깨운다.
잠시 후 아이들은 일제히 옷을 갈아입고 운동장으로 달려 나간다. 아이들이 줄을 맞춰 서자 제복을 입은 교사가 "차렷! 열중 쉬어!"를 외친다. 그리고 시작되는 아이들의 팔굽혀펴기. 운동선수들의 훈련처럼 열을 맞춰 달리고, 나무에 매달린 밧줄을 맨손으로 오르기도 한다. 아이들은 힘든 표정이 역력하지만 1시간이나 계속되는 체력훈련을 거뜬히 받아낸다.

남학생 기숙학교인 마요 컬리지는 아침 운동이 가장 중요한 하루 일과다. 이곳 아이들은 매일 아침 군대를 방불케 하는 강한 체력훈련을 받아야 한다. 그러고는 전교생이 모여 힌디어로 아침 기도를 올린다. 인도 전역에서 최고의 학생들만 선발해 강인한 지도자로 키우는 것이 이 학교의 목표.

1875년에 설립한 마요 컬리지는 원래 왕족이나 귀족 출신의 남자아이들만 올 수 있었던 학교다. 공립학교가 된 지금도 최고의 학교라는 자부심은 여전하다.

> "인도에서 교육받는 것이 외국에서 공부하는 것보다 더 경쟁력 있다고 생각하기 때문에 첫 번째 선택은 인도에 남아서 최고의 교육을 받는 것입니다. 인도에서 입학하지 못했을 경우에만 해외에 나가 입학하려고 하죠."

마요 컬리지의 교감 자그프릿 싱의 말은 사실이다. 한 인도 학생이 세계 최고로 꼽히는 매사추세츠 공과대학 MIT 면접에서 했다는 말은 아주 유명한 일화 중 하나이다. 왜 지원했냐는 교수의 물음에 그 인도 학생은 "IIT인디아 공과대학에 떨어져서 하는 수 없이 이곳으로 오게 됐다"고 답했다는 것이다. IIT는 저명한 조사기관의 세계 대학 순위에서 늘 상위권을 차지하는 세계 최고의 공과대학 중 하나다. 이 학교 출신은 졸업 후 인도뿐 아니라 미국과 유럽 등의 기업에서 최고 대우를 받으며 선발된다고 한다.

오바마 대통령은 한 연설에서 "미국 학생들이 국제적인 경쟁력을 갖추려면 인도나 중국의 전통을 받아들

인도의 명문, 마요 컬리지 고등학교.

여야 한다"고 강조했다. 인도가 IT와 생명공학기술, 기초 과학의 강국이 된 것은 교육에서 그 뿌리를 찾을 수 있다. 인도의 교육은 그야말로 엘리트 교육이다.

오랫동안 영국의 통치를 받은 탓에 대부분의 학교가 영국식 인도 커리큘럼이라 할 수 있는 CBSECentral Board of Secondary Education를 채택하는 등 영국 귀족 교육시스템이 일반화되어 있다.

여기에 IBInternational Baccalaureate, IGCSEInternational General Certificate of Secondary Education 등 국제적으로 인정받는 학제의 교과과정을 동시에 채택하고 있는 것도 세계 각국에서 활약하는 과학 인재들을 키워낸 밑바탕이 된다. 엘리트를 키워내는 만큼 커리큘럼은 학습에만 집중되어 있지 않다. 많은 학교들이 마요 컬리지처럼 운동에 많은 시간을 할애할 뿐 아니라 음악, 미술 등의 예능 활동도 중요시해 방과 후 활동도 한다.

야간 자율학습과 학원에 지쳐 있는 우리 아이들은 늘 피곤하다. 그래서 잠시라도 쉬는 시간이 주어지면 책상에 엎드려 쪽잠을 청한다. 서울시 교육청 통계에 따르면 서울 초중고생의 평균 키는 10년 전에 비해 12.3cm, 체중은 23kg 증가한 반면, 오래달리기나 제자리멀리뛰기 등을 측정한 결과, 아이들의 체력은 눈에 띄게 떨어졌다고 한다. 학생들의 비만율도 급격한 증가세에 있다. 학교는 이런 아이들을 배려하는 듯 체육, 미술, 음악 수업을 자꾸만 줄인다.

중학교 때야 일주일에 한 번이라도 수업을 했지만, 고등학교에 가고 입시가 가까워지면 교실에서 자율학습을 시키거나 아예 수업을 없애버린다. 이런 학교들에게 연세대 체육교육학과 서상훈 교수는 "체력은 곧 학력"이라고 말한다. 꾸준한 운동으로 체력을 기르면 남들이 일주일에

책 7권 보고 피곤해할 때 13~14권도 거뜬히 읽을 수 있다는 것이다.

서 교수의 말에 의하면, 운동을 하면 정서적으로도 풍요로워져 BDNFBrain-derived neurotrophic factor라는 신경영양인자가 증가하고, 결과적으로 집중력, 창의성, 기억력 등의 뇌기능도 높아진다.

최근 교육과학기술부가 잇따라 학교 체육 강화 방안을 내놓고 있다. 2012년부터 중고교에서 학교스포츠클럽 활동을 교양 선택 과목으로 개설해 주중 오후나 토요일에 편성하도록 하는가 하면, 2011년 가을 학기부터는 일선 학교가 '토요 스포츠데이'를 운영하도록 적극 권장한다는 방침이다.

아직도 이런 정책에, 수업시간에 운동하는 것에 대해 반대하는 부모가 있을지 모른다. 하지만 이런 부모까지 설득해가며 우리 아이들의 건강한 미래를 보장하는 것도 학교의 역할은 아닐까.

세계의 CEO가 되기 위해

세계적으로 많은 사람들이 사용하고 있는 이메일인 핫메일hotmail을 처음 만든 사람은 인도인 사비어 바티아다. 그는 26세의 나이에 핫메일을 마이크로소프트사에 판매하며 엄청난 부를 거머쥐었다고 한다. 인텔에서 초소형 연산처리장치MPU의 펜티엄프로세서를 개발한 사람도 비노드 담이라는 인도인이다.

인포시스 창업회장 나라야나 무르티, JAVA 언어를 개발한 썬 마이크로시스템 공동 창업자 비노드 코슬라, 미국 CEO 중 최고의 연봉을 받는다는 모토로라 최고경영자 산자이 자, 모두 인도인이다.

인도 초대 총리였던 자와할랄 네루는 넘치는 자원인 두뇌야말로 독립 후 인도가 살아갈 길이라고 생각했다. 그는 국가적으로 과학기술을 발달시키기 위해 특별법까지 제정해 IIT인디아 공과대학의 설립을 이끌었다. 그의 구상대로 졸업생들은 세계 각지로 진출했고, 다양한 분야에서 최고의 자리에 올랐다.

인도의 유명 공과대학들은 학생들이 과학기술에만 집중하지 않고 세계를 넓게 보고 이해하도록 교육한다. 특히 IIT는 학생을 뽑을 때 스스로 사고하는 능력을 가장 중점적으로 보고, 입학 후에는 인문학과 사회과학 분야에서 15~20개의 강좌를 반드시 듣게 하고 있다. 급변하는 정보통신 기술의 흐름 속에서 살아남을 수 있는 능력과 지도자가 되기 위한 리더십을 길러주기 위해서다.

대학뿐이 아니다. 제작진이 찾은 마요 컬리지 고등학교도 세계적인 리더를 양성하는 데 무엇보다 중점을 두고 있었다.

| 마요 컬리지 고등학교의 '클래스 11' |

'클래스 11'이라 불리는 영어 토론수업이 시작됐다. 오늘의 주제는 '인터넷을 통한 국제교류'. 아이들은 학년 대표인 뿌리에게 찬반 의견을 내놓기 시작한다. "우리는 존재하기 위해서 국경을 넘어 의사소통을 하고 있는 것입니다." "그래서 전화선이나 인터넷 서비스를 사용하죠. 그럼에도 불구하고 여전히 국경은 존재합니다. 그것이 혹독한 현실이에요. 경계선은 생물학적인 영역에서도 존재합니다."

발표자의 연설이 끝나기 무섭게 손을 들고 자신의 의견을 말하는 아이들.

발표자 옆에 선 두 명의 학생은 연신 시계를 들여다보며 시간을 재고 있다. 정해진 시간 내에 발표를 마치는 훈련을 하는 중이다. 어느덧 수업이 끝나자 아이들은 자신과 다른 의견을 말한 학생에게도 뜨거운 박수를 보낸다.

제작진은 토론을 마치고 나오는 12학년 떼와리에게 오늘 수업에 대해 물었다. "기본적으로 모든 것은 세계화와 관련되어 있습니다. 오늘날과 같은 세계화 시대에는 다른 누구보다 뛰어나야 합니다. 그리고 대중 앞에서 연설을 할 수 있어야 합니다. 아주 중요하죠." 17살 아이의 말이라고는 도저히 믿기지 않는 대답이 흘러나온다.

마요 컬리지는 일주일에 한 번씩 토론대회를 열어 대중 앞에서 자신의 주장을 펼치는 법을 가르친다. 토론수업에 대해 교장 비제이 싱 라루트라는 "인도를 넘어 세계의 CEO, 세계의 리더를 키우고 있는 중"이라고 설명한다.

"마요 컬리지는 여러 분야에서 많은 사람들을 이끌 수 있는 리더를 길러내야만 합니다. 인도뿐만 아니라 세계적으로 활동할 CEO나 정치가, 그리고 리더들을 길러내는 것이죠."

소통은 글로벌 리더의 필수 조건으로 꼽힌다. 대중 앞에서 자신의 생각을 말하고, 자신과 의견이 다른 사람과 협상할 줄도 알아야 한다. 나 혹은 우리와 다른 문화를 받아들일 수 있어야 하며, 빈곤이나 질병 등으로 고통 받는 사람들을 이해하고 그들의 아픔에 동참할 줄 알아야 한다.

그래서 인도에는 분야별로 특성화된 학교가 많고, 인도 학교는 아이들에게 늘 어려운 사람들을 위해 기도하라고 이른다.

제작진이 찾은 마요 컬리지도 식사에 앞서 늘 전교생이 함께 식당에 모여 "옴 탓삿 부라마 파라마스투"라고 기도를 한다. 산스크리트어로 '이 세상 모든 사람이 음식을 먹을 수 있도록 해달라'는 뜻이다. 이 학교 아이들은 아직 한 끼 음식을 먹지 못하는 사람들이 있다는 사실을 잊지 않는다.

마요 컬리지를 비롯한 인도의 우수 학교들은 대부분 기초를 탄탄히 다지는 것에 중점을 둔다. 대부분의 학교에 있는 실험실에서는 결과가 아니라 '왜?'를 강조해 고도의 분석력과 문제해결력을 키운다.

유명한 인도의 베다수학은 수의 형태에 따라 다양한 풀이 방법을 구사하기 때문에 창의적 사고를 돕는다. 기본 개념과 논리에 충실하기 위해 시험은 객관식으로 보지 않는다. 우리의 수학능력시험이라 할 수 있는 10학년, 12학년 시험은 물론 초등학교 저학년도 수학시험을 주관식으로 치른다.

특히 논리력을 키우기 위한 증명 문제가 주를 이루는데, 어릴 때부터 훈련받아온 탓에 학생들은 어려운 증명 문제도 잘 푼다고 한다. 또 인도의 학교들은 영어는 물론 수학도 배우는 것보다 실생활에 활용하는 것에 더 중점을 둔다. 이 모든 게 글로벌 리더를 키우기 위한 교육과정이다. 세계화는 더 이상 피할 수 없는 운명이다. 우리도 학교에서부터 세계화 시대에 맞는 교육을 실천할 때가 왔다.

최고 학년에게 주어지는 의무

글로벌 리더를 양성하기 위한 리더십 교육에 대해 조금 더 얘기해보기로 하자. 과거 우리 사회가 카리스마 있는 리더를 요구했다면, 지금은 참여를 이끌어내는 소통형 리더를 원한다. 안철수 교수는 최근 한 강연에서 "목표를 달성하기 위해 내몰기만 하는 것은 관리자일뿐이다. 리더는 스스로 하고 싶다는 마음을 불어넣어주는 사람이다"고 말했다.

미래의 리더는 조직 구성원들의 잠재된 욕망을 자극하고 끌어내며, 그들에게 비전을 제시할 수 있어야 한다. 그리고 이런 리더십은 하루아침에 생기는 것이 아니다. 끊임없는 훈련만이 우리 아이들의 내재된 리더십을 이끌어낼 수 있다. 마요 컬리지에서는 리더십 교육도 중요한 교과과정으로 여긴다.

| 마요 컬리지 고등학교의 자율학습 시간 |

마요 컬리지 아이들은 우리 아이들과 마찬가지로 매일 저녁 자율학습 시간을 갖는다. 좁은 교실에 학생들이 빼곡히 들어앉아 공부를 하는 모습은 우리 교실과 같은 풍경. 하지만 자세히 살펴보면, 우리 교실과는 다른 점을 찾아낼 수 있다. 감독하는 선생님의 역할을 고학년 선배들이 대신한다는 것이다. 올해 12학년인 뿌리와 떼와리에게 후배들이 걸어온다. 질문하는 후배의 숙제를 봐주는 것이 선배의 몫이다. 같은 학년 푸리는 잡담을 하는 아이들에게 주의를 준다. "얘들아, 조용!" 순식간에 교실이 고요해진다.

선배가 후배의 공부와 숙제를 도와주는 것은 마요 컬리지의 전통이다. 최고 학년에게 주어진 의무이자, 그들이 학교에서 배운 리더십을 보여줄 기회이기도 하다. 배움보다 활용이 중요하다는 교육이념과도 잘 맞아떨어진다.

책임감을 가지고 후배들을 지도하는 학교에서의 이러한 실습은 대학에 진학하고 사회에 진출한 후 글로벌 인재로 성장해나가는 큰 자양분이 될 것이다. 이뿐인가. 선배들은 후배들과 함께 자습하며 배운 것을 탄탄히 다질 수도 있는 일석 삼조의 기회다.

미국에서 손꼽히는 몇몇 공립 고등학교도 리더십 교육의 효과를 톡톡히 보고 있다. 리더십 교육과 더불어 리더십 문화를 만들어 학생들의 성품과 태도, 학교생활 변화는 물론 성적에서도 놀라운 발전을 거둔 것이다. 이 중에는 별 볼일 없는 학교였다가 최고의 공립학교, 지역에서 가장 성적이 향상된 학교, 학부모 만족도 98%의 학교가 된 사례도 있다.

그럼 우리 학교의 실정을 곰곰이 생각해보자. 지금까지 학교에서 배운 리더십이란 어린 시절 했던 학급회의나 모둠수업이 전부가 아니었는지. 우리 아이들이라고 부모 세대와 크게 다르지 않다. 요즘 몇몇 교육청에서 그 지역 대표 학생을 뽑아 방학 기간 동안 리더십 캠프를 개최하는 게 전부다.

다행히 최근엔 몇몇 학교가 관공서와 기업들의 후원을 얻어 리더십 학교 만들기 프로젝트를 진행할 예정이라는 반가운 소식이 들려온다. 또 대구시 교육청은 리더십 교육 중점학교 82개를 선정해 '코칭 중심의 리더십 교육'을 실시한다는 계획을 발표했다. 선정된 학교는 지난 여름부터 수업이 없는 토요일이나 방학을 이용해 학년별로 인생 상담,

진로설계, 시간 관리법 등을 포함한 리더십 교육을 실시하고 있다.

EBS의 한 다큐멘터리 프로그램은 아동학 권위자인 원광아동상담센터 이영애 박사와 함께 '리더십이 좋은 아이가 자존감이 높다'는 사실을 밝혀 화제를 모았다. 많은 연구 결과, 자존감이 높은 아이는 학업성적이 우수하고 새로운 과제에 늘 자신감을 갖고 임하며 끝까지 도전한다고 한다.

우리 학교는 더 이상 리더십 교육에 대해 좌시하는 입장을 보여선 안 된다. 부모와 정부도 함께 머리를 맞대야 할 것이다. 세계를 이끌어 갈 우리 아이들의 미래는 어른들 손에 달려 있기 때문이다.

Chapter 4

출세가 아닌,
세상을 위한 공부

배움은 교사의 열정으로 지속된다

제작진이 찾아간 최고의 학교에는 훌륭한 커리큘럼이 있다는 것 외에도 한 가지 공통점이 더 있었다. 바로 훌륭한 선생님들이 있다는 것. 밤 10시에 아이들을 불러 퀴즈 문제를 내거나 자정이 넘게 이어지는 동아리 아이들의 토론 연습을 지도하는 민족사관고등학교의 선생님. 또한 두 명의 학생이라도 기꺼이 수업을 진행하는 토머스 제퍼슨 학교의 교장선생님에게서 제작진은 뜨거운 열정을 느낄 수 있었다.

| 민족사관고등학교의 선생님 |

10시가 가까워오는데 생물 선생님 방에 불이 환하게 켜져 있다. 무언가를 바삐 준비하던 선생님이 자신의 수업을 듣는 성민이에게 휴대폰 문자를 보

낸다. "오늘 퀴즈 어디서 보면 되지?" 설마 오밤중에 퀴즈 시험을 본다는 말인가 싶었는데 설마가 아니었다.

선생님은 아이들과 약속한 10시가 되자 기숙사 강의실에서 2학년 아이들을 데리고 생물 퀴즈 시험을 치르기 시작한다. 최고의 영재라는 민사고 아이들에게도 퀴즈 시험은 여간 부담스러운 게 아니다. "아이들이 하루 종일 스트레스 받는 것 같은데요?" 제작진의 조심스러운 질문에 선생님은 단호하게 대답한다. "어차피 스트레스도 훈련이니까요. 그 과정을 거치면서 공부를 열심히 하겠죠."

23일에 한 번씩 치러야 하는 퀴즈 시험이 어디 아이들에게만 부담스럽겠는가. 시험을 준비하는 아이들의 노력과 선생님의 열정이 있기에 가능한 일이다. 하지만 늦은 시간까지 아이들의 공부와 과제를 도와주는 일은 민족사관고등학교 선생님들에게 흔한 일이다. 이번엔 토머스 제퍼슨 학교의 선생님들을 만나보자.

| 토머스 제퍼슨 고등학교의 선생님 |

토머스 제퍼슨을 졸업한 후 43년간 이 학교의 선생님이자 교장으로 지내온 빌 로우 선생님은 내년이면 은퇴하여 학교를 떠나게 된다. 하지만 오늘도 수업 교재와 자료를 챙기느라 분주하다. 준비를 마친 선생님이 강의실로 향하는 계단을 오른다. 먼저 도착해서 아이들을 기다리는 선생님. "학생들이 여기 앉을 거예요."

그런데 강의실에 들어온 학생은 단 두 명뿐이다. 성적이 떨어진 아이들이 불려온 '나머지 공부'가 아니다. "저는 가르치는 것을 좋아합니다. 교사로 시작았고, 항상 교사로 지내왔죠." 빌 로우 선생님은 마지막으로 두 학생에게 그리스어를 가르쳐주기로 약속했다. 오래 전 처음 선생님이 됐을 때 그리스어를 가르쳤던 것처럼 말이다. 두 명의 학생과 나누는 이 수업은 다시는 들을 수 없는, 그래서 세상에서 가장 소중한 수업이다.

'교육의 질은 결코 교사의 질을 넘어설 수 없다.' 교육, 또 학교에서 교사의 역할이 얼마나 큰지를 상징적으로 표현한 격언이다. 우리는 누구나 헬렌 켈러와 그의 스승 앤 설리번의 이야기를 알고 있다.

앤 설리번은 헬렌 켈러를 장애인이 아니라 한 사람의 인간으로 봤으며, 지적 성취가 가능하다고 확신했다. 헬렌 켈러의 잠재력을 믿으며 제자를 위해 헌신했다. 자신 역시 시각장애를 가지고 있으면서도 헬렌 켈러를 빛의 세계로 이끈 앤 설리번의 사례는 교사의 믿음과 희생, 열정이 학생에게 어떤 영향을 미치는지 잘 보여준다.

실제 교사의 믿음과 열정이 미치는 영향에 대해 좀 더 과학적으로 분석한 연구결과도 있다. 미국의 교육학자 로버트 로젠탈Robert Rosental과 레노어 제이콥슨Lenore Jacobson은 샌프란시스코에 있는 한 초등학교의 전교생을 대상으로 지능검사를 실시한 후 각 반에서 무작위로 20%의 학생을 선발했다. 그리고 이들의 명단을 교사에게 돌리면서 성적이나 지능이 크게 향상될 가능성이 있는 아이들이라고 거짓말을 했다.

8개월 뒤 다시 실시한 지능검사 결과는 놀라웠다. 일반 학생의 점수는 8.4점이 오른 반면, 가능성이 있다며 선발했던 학생들의 점수는 12.2점이나 올랐다. 비록 거짓말이었지만, 교사의 기대감이 아이들의 가능성을 '실제'로 바꾸어버린 것이다.

최근 대구교육청의 장학관도 한 신문의 기고 글에서 '교육의 성패를 결정하는 것은 정책보다 교사의 열정'이라고 밝힌 바 있다. 얼마 전 대구에서 개최한 연수 프로그램에 참여한 초중등 교사와 학부모들의 이야기를 하며 '대한민국의 교사와 학부모가 아니고서는 볼 수 없는 열정'이라고 했다.

오바마 대통령은 공식적인 연설에서 여러 차례 한국의 교육을 칭찬한 바 있다. 그는 특히 "부모 다음으로 아이의 성공에 가장 중요한 영향을 미치는 사람이 교사"라며, "한국에선 교사가 국가를 건설하는 사람으로 알려져 있다"고 추켜세웠다.

외국의 대통령조차 우리 교사들을 존중하고 우리 교사들의 열정을 부러워한다. 하지만 여기저기서 들려오는 교권에 대한 안 좋은 소식들, 학부모의 불신, 발전 기회를 제공하는 대신 소비적인 평가만 계속하는 정책 등은 선생님들을 매너리즘에 빠뜨리는 가장 큰 원인이 될 수 있다.

학생들을 대상으로 한 설문조사 결과 학원 강사가 모든 면에서 교사보다 낮다고 나왔지만, 오히려 임용고시에서 떨어져 일자리를 구하지 못한 사범대 출신들이 학원 강사가 되는 경우도 많다고 한다.

요즘엔 임용고시가 사법시험만큼 힘들다고 한다. 지난 3년간 국공립 중고등학교 교사의 임용고시 경쟁률이 평균 16 : 1이었다니 교사되기란 그야말로 하늘의 별따기다. 치열한 경쟁을 뚫은 교사들.

그만큼 그들에겐 좋은 선생님, 훌륭한 선생님이 되겠다는 의지와 열정이 가득할 것이다. 교사의 믿음 속에 학생들이 발전하는 것처럼 우리 사회도 이제 교사에게 믿음을 가지고 그들의 열정에 불을 지펴야 할 것이다. 최고의 학교, 최고의 커리큘럼은 열정 넘치는 교사들이 있어야만 가능하기 때문이다. 진정한 배움은 교사의 열정으로 지속된다.

아이 미래가 달린 신중한 결정

중고등학교 시절, 학년이 바뀌어 새로 반 배정을 받으면 으레 담임선생님과 일대일 면담 시간을 가졌다. 선생님은 학생의 기록을 보고 나서 물었다. "요즘 고민 있니?" "커서 뭐가 되고 싶니?" 이 질문에 자신의 꿈이나 고민을 털어놓으며 조언을 구하는 학생도 있었을 테지만, 어색한 상담을 빨리 마치기 위해 대충 둘러대거나 없는 꿈을 가짜로 만들어 낸 학생도 있었을 것이다. 그러나 어떤 경우든 자신의 미래에 대해 선생님과 진지하게 대화를 나눠본 학생은 많지 않을 것이다.

요즘 아이들은 어떨까. 자신의 적성이나 관심 분야보다는 성적에 따라 대학을 선택하고, 학교는 어떻게든 진학률을 높이는 방향으로 대학을 추천하는 것이 현실이다. 그래서일까. 대학에 입학하고 나서 전과나 편입을 선택하는 경우, 졸업 후 직장에 다니다가 뒤늦게 자신의 적성을 찾아 다시 공부를 시작하는 경우를 흔히 볼 수 있다. 매년 전문대학 이상의 학력으로 졸업한 취업자 중 약 42%가 전공과 다른 분야에 취업을 한다고 한다.

이러한 시행착오를 겪지 않으려면 어릴 때부터 진로교육이 이뤄져야 한다. 특히 청소년기에 진로와 적성에 대한 충분한 탐색이 필요하다. 하지만 우리 학교에는 아직 체계적인 진로교육 과정이 없다. 그래서 엄마들은 진로교육에까지 사교육을 동원한다.

사교육 시장에는 중고등학생을 상대로 진로 컨설팅 붐이 일고 있다고 한다. 하지만 입학사정관제 확대와 선택형 수능제도로 인한 진로교육은 입시를 위한 선에서 행해지고 있다. 때문에 아이의 미래를 진심으로 고민해주는 곳은 많지 않다. 제작진은 100% 대학 진학률을 자랑하는 토머스 제퍼슨 학교에서 아이들의 진학상담이 어떻게 이뤄지고 있는지 알아봤다.

| 토머스 제퍼슨 고등학교의 진학상담 |

케이티 존스와 한국인 유학생 소희가 빌 로우 교장선생님을 찾았다. 진학상담을 하는 날이다. 케이티는 하버드대학교, 소희는 예일대학교가 목표다. 교장선생님이 케이티에게 묻는다. "아직도 하버드에 큰 관심을 가지고 있나요?" "네" 소희는 예일대가 스스로 갈 수 있는 대학 중 최고의 대학이라고 생각하고 있었다.

하지만 교장선생님은 다른 대학을 추천했다. "스미스대학교나 웨슬리안대학 교는 어떨 것 같니? 둘 다 매우 좋은 과학 교과과정을 가지고 있거든." 학생들이 두 대학교의 이름을 듣고 갸우뚱하자 교장선생님은 두 학교의 장단점과 미래 가능성에 대해 자세하게 설명하기 시작한다.

테이블을 사이에 두고 마주앉은 두 학생과 교장선생님의 진지한 대화는 그로부터 한참 동안 계속됐다.

상담을 마친 케이티는 "이전에 고려하거나 찾아보지 못했던 다른 대학들에 대해서도 생각할 수 있게 되었다"며 선택 범위가 넓어진 것에 만족한 표정을 지었다. 여러 학교에 대해 한참 대화를 나누고도 아직 결정한 것이 없지만 조급한 마음이 들지는 않는다. 교장선생님의 진학상담실은 언제든지 열려 있기 때문이다.

토머스 제퍼슨 학교는 개교 이래 64년간 졸업생 모두를 대학에 진학시킨 것으로 잘 알려져 있다. 하지만 여느 학교들처럼 명문대학을 목표로 하지는 않는다. 명문대에 진학시켜 학교의 명성을 드높이기보다는 아이들의 특성을 살릴 수 있는 대학을 추천하고 있다. 진정한 배움이 명문대에만 있다고 생각하지 않기 때문이다.

"대학에 갈 때 뉴스나 기사에 나오는 최고 순위의 대학만 고집할 필요는 없습니다. 왜냐하면 그런 순위는 그다지 실질적이지 않기 때문이죠. 이런 순위는 개개인의 교육과 맞지 않는 수많은 자료와 기준에 의해 결정된다고 봅니다."

– 토머스 제퍼슨 학교 교장 빌 로우

우리나라도 최근 학교에서의 진로교육에 대한 관심이 높아지고 있다. 2011년부터 '진로와 직업'이라는 과목이 중학교 교과에 선택 과목으로 도입됐고, 전국 1,500개 고등학교에 진로진학 상담교사가 배치됐다. 진로진학 상담교사는 단순히 상담만 하는 것이 아니라 '진로와 직업' 수업을 진행하고, 진로활동을 관리하며, 입학사정관제 전형이나 자기주도학습 전형을 지원하게 된다. 현재 1,500명의 교사들이 전국 시·도교육청 연수기관에서 진로진학 상담교사 자격을 취득하기 위해 연수를 받고 있다.

교육과학기술부는 2012년까지 2,256개 고등학교에 이들 교사를 우선 배치하고, 2014년까지 전국 5,383개 중고등학교로 확대한다는 계획이다. 정부는 또 매년 학교에서 2회 이상 진로직업 적성검사를 실시해 상담 결과와 함께 대입 전형자료로 활용하도록 지원하고, 대학이나 기업 등의 진로체험 프로그램도 지원할 방침이다.

각 지역 교육청의 움직임도 활발하다. 서울과 부산, 경남교육청은 '진로진학지원 센터'를 설치하고 지역 내 시범학교에 진로교육 전용공간을 마련할 계획이며, 광주시교육청은 전문가가 특성화고등학교를 방문해 진로지도 수업을 하는 프로그램을 운영해 학부모들의 호응을 얻고 있다. 경기교육청은 초중고의 진로체험 활동 운영비 예산을 확대해 학교당 최대 500만 원을 지원한다고 밝히기도 했다.

얼마 전 부산의 한 고등학교에서는 교사들이 제과제빵사, 승무원, 임상병리사 등의 직업을 직접 체험해 화제가 된 적이 있다. 아이들보다 먼저 체험해봐야 보다 정확하고 효과적인 진로진학상담을 할 수 있다는 취지에서 진행된 일이다. 인천의 한 중학교는 학생들에게 다양한 직업

체험 기회를 제공하기 위해 '생활의 달인' 프로그램에 출연했던 달인들을 초청하기도 했다.

몇 가지 정책만으로 명문대 진학 위주의 진로상담 풍토가 당장 변하지는 않을지 모른다. 하지만 일선 학교와 선생님들의 이러한 노력이 더해진다면 우리 아이들은 분명 더 진지하게 자신의 미래를 꿈꾸게 될 것이다.

자신의 꿈과 선택을 믿어야 한다

민족사관고등학교 2학년에 다니는 지환이는 작가가 되는 게 꿈이다. 작가가 되어 어떤 상황에 놓이더라도, 어떤 처지에 있더라도 우리의 삶은 항상 아름답다는 것을 모든 사람에게 알려주고 싶다. 그것이 자신이 할 수 있는 가장 의미 있는 일이고, 자신의 의무라고 생각하고 있다. 중학교 때까지만 해도 지환이의 꿈은 피아니스트였다.

중학교 2학년까지 피아노를 쳐오다가 갑자기 진로를 공부로 바꿨다. 지환이는 "피아노 실력이 완벽해지기 전에 그만둔 것 같아서 아쉽지만, 그래도 공부를 선택한 것에 후회는 없다"고 말한다. 자신의 미래와 꿈을 말할 때는 누구보다 어른스러운 지환이. 한때 피아니스트를 꿈꿨던 아이답게 누가 봐도 실력이 보통이 아니지만 작가가 되어 세상 사람들에게 메시지를 전하겠다는 꿈이 더 소중하다.

민족사관고등학교 아이들은 매주 월요일 조회 시간마다 교훈을 암송한다고 한다. 꽤 긴 교훈 중에는 이런 문장이 있다. '출세를 위해서 공부

하지 말고 학문을 위해서 공
부하라' 해외 명문대 진학률
이 높은 학교지만 아이들에
게 명문대만 강요하는 건 아
니다. 어떤 분야든 최고가
되어 세상에 이름을 알리라
고 말하지도 않는다.

대신 세상을, 사람들을 이롭게 하기 위해 최고가 되라고 말한다. 출세
가 아니라 세상을 위한 것이라면 어떤 꿈을 꾸든 어떤 진로를 택하든 아
이들의 선택을 지지해준다. 그래서인지 이 학교 아이들은 꿈을 물었을
때 잠시도 주저하지 않는다.

"경영 컨설턴트로 일하면서 입지를 쌓을 거예요. 그런 뒤 좀 여유가
생기면 빌게이츠처럼 자선사업을 하는 재단을 만들어 우리나라 저소
득층 아이들도 양질의 교육을 받을 수 있도록 지원해주고 싶어요."

"문학 토론 대회를 준비하면서 『왜 세계의 절반은 굶주리는가?』라는
책을 읽었어요. 처음에는 '그냥 정해진 책이니까' 하면서 읽었는데,
굉장히 인상 깊었어요. 책에 나온 것처럼 굶주리는 사람들, 그들을 위
해서 제가 뭔가 도움이 될 수 있으면 좋겠어요."

"제가 생각하는 성공은 어떤 훌륭한 사람이 되는 그런 것이 아니에요.
제가 하고 싶은 일은 소외받은 사람들을 도와주는 거예요."

머리맡에 엄마와 동생 사진을 붙여놓고 공부하는 유미의 꿈은 하루 이틀 생각한 것이 아닌 듯 아주 구체적이다. 학생법정에 온 친구의 억울함을 대신 변론해주던 준성이는 누군가에게 도움을 주는 것이 좋은 모양이다. 민사고에 입학하기 위해 잠 못 자고 공부했다는 예나는 구체적이진 않아도 뚜렷한 목표가 있다.

한국을 넘어 세계를, 온 세상을 가슴에 품은 아이들. 얼마 지나지 않아 생각이 바뀔지 모르지만, 이 아이들은 자신의 선택이 옳다고 믿는다. 그리고 선택한 길을 가기 위해, 꿈을 이루기 위해 최선을 다한다.

직업은 자아실현의 수단이기도 하지만, 생계를 결정하는 가장 큰 변수이기도 하다. 그래서 미래에 어떤 직업을 가질 것인지, 어떤 진로를 택할 것인지 결정하는 것은 쉬운 일이 아니다. 때로는 가슴에 품은 꿈이 있어도 주변의 눈치를 보느라 자신감 있게 말하거나 추진하지 못하기도 한다. 이런 아이들이 단지 입시나 돈벌이를 위해서가 아니라 먼 미래를 내다보며 보다 자유롭게 꿈꾸고, 자신 있게 진로를 선택하도록 돕는 것은 우리 어른들의 몫이다.

생각해보자. 많은 아이들이 장래희망란에 적는 변호사, 의사, 교사, 기자, 대기업 회사원 등은 과연 아이의 꿈인지, 부모의 꿈인지.

부모뿐 아니라 학교는 아이가 어떤 꿈을 말하더라도 "그 성적으로 되겠니?" "안 돼. 넌 더 성공할 수 있어" "딴따라가 말이 돼?" 같은 부정적인 반응을 보여선 안 된다. 왜 그런 마음을 품었는지 물어보고 그 길을 택할 경우 어떤 장단점이 있는지, 그것을 이루려면 무엇을 준비해야 하는지, 그 외에 또 다른 길은 무엇이 있는지 등을 설명해주는 것이 올바른 부모의 역할이다.

'출세를 위해서 공부하지 말고 학문을 위해서 공부하라'

어떤 분야든 최고가 되라고 말하지 않는다.
대신 출세가 아니라 세상을 위한 것이라면
어떤 꿈을 꾸든 아이들의 선택을 지지해준다.

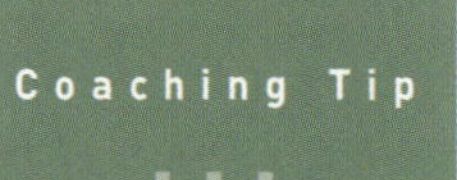

꿈이 없는 아이, 부모는 무엇부터 해야 할까

아이는 학교를 다니며 자신을 위한 꿈을 가져야 한다. 하지만 우리 주변에는 하고 싶은 것도, 되고 싶은 것도 없다는 아이들이 있다. 학교를 왜 다녀야 하는가, 하는 질문에 선뜻 대답하려면 자신이 세워둔 미래나 꿈, 희망 등이 있어야 한다. 내 아이에게 꿈이나 희망, 포부를 심어주고 잠재력을 이끌어내려면 어떻게 해야 할까?

얼마 전 한 신문에 실린 인천 여고생의 글은 충격적이다.

고등학교 2학년 학생의 글 제목은 '꿈 없는 아이들의 정기 모임'.

학교는 8살이 되던 해에 초대장을 받고

19살까지 월요일부터 둘째·넷째를 뺀 토요일까지

정기적으로 모임을 갖는 곳

19살이 되는 해,

11월에 치러지는 한 번의 시험으로 그 정기 모임은 비로소 끝이 난다.

적어도 10년이라는 세월 동안 머리에 집어넣었던 지식들이

꿈과 무슨 관련이 있는지를 설명해주는 학교가 필요하다.

1. 부모의 편견을 주입시켜서는 안 된다

스스로 자신의 미래를 만들어가는 아이로 키우고 싶다면 '내 아이는 이래야 한다'는 편견과 욕심부터 버리자. 되고 싶은 것이 없다는 아이에게 부모가 못다 이룬 꿈을 대신 꾸게 해서는 안 된다. 또 아이가 하고 싶은 것이 생겼을 때 그것에 대해 평가를 하거나 부정적인 반응을 보여서는 안 된다.

만약 아이가 꾸는 꿈이 아이의 미래에 해가 되는 것이라거나 아직 판단 능력이 부족해서 그런 것이라 생각된다면 "안 돼"라는 말 대신 여러 가지 가능성에 대해 설명해주자.

예를 들어 일곱 살 아이가 지하철에서 껌 파는 아저씨를 보고 "나도 저거 할래" 했다고 가정해보자. 이때 엄마가 놀란 표정으로 "저건 거지들이나 하는 거야"라는 반응을 보인다면, 아이는 청소년이 되어 진짜 하고 싶은 게 생겨도 엄마가 좋아하지 않을까 봐 자신의 생각을 말하지도, 실천하지도 못하게 될 것이다. 부모가 바라는 꿈과 다른 꿈을 꾸더라도 일단은 아이의 생각과 선택을 지지해주어야 한다. 부모는 선택하는 데 도움을 주는 사람이지 선택해주는 사람이 아니다. 선택은 아이의 몫이다.

2. 수많은 직업을 경험할 기회를 주자

경험이 부족한 아이는 지금까지 자신이 접했던 직업을 전부로 여길 수도 있다. 꿈을 꾸지 않는 것이 아니라 세상에 얼마나 많은 일이 존재하는지 몰라서 꿈꾸지 못하는 것일지도 모른다. 실제로 우리나라엔 1만 2천여 개의 직업이 있다고 한다. 하지만 아이에게 알고 있는 직업에 대해 다 써보라고 하면 대부분 30개를 넘기지 못한다.

꿈꾸는 아이로 만들기 위해 가능한 아이에게 다양한 직업을 경험해보는 기회를 마련해주자. 단순히 말로만 설명하는 것보다 직업 체험 프로그램을 이용하는 것이 훨씬 효과적이다. 유치원생이나 초중생의 경우 직업 체험 테마파크를 경험해보면 좋다.

병원, 학교, 극장, 공장, 빌딩 등의 시설이 재현되어 있고, 90여 가지의 직업을 체험해볼 수 있다. 서울시립청소년직업체험센터인 하자센터, 인천청소년진로지원센터, 노동부 워크넷 등 각 지역에서 운영하는 체험 프로그램도 있다.

진로진학과 관련된 사설 기관에서 방학 기간 중 운영하는 프로그램도 이용해볼 만하다. 부모를 비롯해 주변 사람들의 직업을 체험해보게 하는 것도 좋은 방법. 집에서 설명하는 것보다 회사를 눈으로 보여주며 부모가 무슨 일을 하는지 설명하는 게 효과적이다. 그리고 주변인을 활용해 아이가 다양한 직업의 사람을 만나볼 기회도 마련해주자. 그들과 대화하는 것만으로도 아이는 새로운 꿈을 품게 될 수도 있다.

3. 아이의 재능과 적성을 함께 발견해 주자

아이의 재능과 적성을 찾아주는 것도 부모가 해야 할 역할이다. 자신이 무엇을 잘 하는지 무엇을 좋아하는지 모르는 아이는 어떤 진로를 선택해야 할지 자신이 없다. 아이의 재능에 꿈의 날개를 달아준 김연아 선수의 어머니 박미희 씨처럼 아이가 잘하고 좋아하는 것을 찾는 일은 어릴 때 시작하는 것이 좋다.

학원 몇 군데 데려 가보고선 "우리 애는 잘 하는 게 없어" 해서는 안 된다. 아이의 재능과 적성은 그림이든 노래든, 달리기든 가급적 다양한 경험을 할 기회를 주어야 찾을 수 있다. 아이의 숨은 재능을 발견했다면 칭찬과 함께 꿈을 심어줄 차례다. 자신이 무엇을 잘 하는지 아는 아이는 자신감과 희망을 가지고 미래를 꿈꾸게 될 것이다.

4. 아이의 꿈, 가능성에 대해 구체적인 대화를 하자

아이와 미래에 대한 대화를 많이 나누는 것도 중요하다. 보통 "커서 뭐가 될래?" 묻고 "출판사 사장" 이런 대답이 나오면 "왜?" "난 책이 좋아" "아, 그렇구나" 이 정도로 대화가 마무리된다. 부모는 더 이상 해줄 말이 없는 것이다.

하지만 출판사에도 그림책 만드는 곳, 잡지 만드는 곳 등 여러 종류가 있다는 것과 출판사에서 하는 일 역시 글 쓰는 일, 작가 섭외, 서점과 함께 마케팅을 기획하는 일, 광고 프로모션 진행하는 일 등 여러 가지가 있다.

이런 일을 하기 위해서는 어떤 전공을 선택해야 하는지, 이 분야 교육과정이 훌륭한 대학은 어디인지, 이 대학에 가기 위해서는 성적이 어때야 하는지, 공부 외에 평소 어떤 노력을 해야 하는지, 그 직업을 갖게 됐을 경우 얼마를 벌 수 있는지 등까지 자세하게 알려줄 필요가 있다. 아이는 보다 넓은 사고를 갖게 되고 구체적으로 꿈꾸며 목표를 실

현해 나갈 것이다.

이때 중요한 것은 절대 아이를 재촉하면 안 된다는 것이다. 아직 결정하지 못한 아이에게 "그렇게 많이 설명했는데 아직도 모르겠어?" 하기보다는 많은 기회와 가능성에 대해 설명해주고 신중하게 고민할 시간을 주는 것이 필요하다.

진로에 대해 올바른 관점을 가진 아이라면 스스로 행복과 가치, 그리고 자신의 적성이 어우러진 삶을 꿈꿀 것이다.

"진정한 교육을 위해
함께 노력해야 할 것들"

Part 4

우리가 꿈꾸는
학교는 있는가

정말, 아이들이 행복한 학교는 없는 걸까요?

경쟁이 아닌 인성을 가르치는 학교는 존재하지 않는 걸까요?

과연 어떤 학교가 아이들을 행복하게 만드는 걸까요?

머릿속에서만 맴돌던 이상적인 학교.

아이들이 행복한 학교를 만들어야 한다는 진심 속에

우리가 꿈꾸던 학교가 하나둘 뿌리내리기 시작합니다.

그곳에는 사교육, 야간 자율학습, 주입식 교육이 없습니다.

꿈을 찾고, 실현하기 위한 방법을

스스로 터득해가는 아이들만이 있습니다.

오직 아이들이 배움의 주체인 학교.

위태로운 공교육을 바로 세울 대안이 되어주었으면

하는 바람을 담았습니다.

때로는 걱정 어린 시선도 있습니다.

남다른 성과에 질투와 오해를 받기도 합니다.

하지만 이제부터가 시작입니다.

기대를 걸어볼 만도 합니다.

모두의 진심이, 그 꿈을 실현해줄 테니까요.

Chapter 1

우리는 '빤한' 학교에 지쳐 있다

상아탑만 보고 달려가는 현실

학교의 탄생은 기원전 30년경이었다. 고대 유럽인들은 '한가함'이라는 뜻의 라틴어 'schola'에서 'school학교'이라는 단어를 만들었고, 어원의 의미처럼 음악장이나 운동장에서 교양을 습득하고 즐기게 하는 것이 학교의 역할이라고 보았다. 하지만 오늘날의 학교에서는 어느 누구도 '한가함'을 떠올리지 않는다.

『표준국어대사전2000』을 보면 학교는 '일정한 목적·교과과정·제도 및 법규에 의해서 교사가 계속적으로 학생에게 교육을 실시하는 기관'이라고 정의되어 있다. 일정한 목적이 무엇인지 알아보기 위해 교육기본법을 살펴보니 그곳에 교육의 목적이 명시되어 있었다.

제2조(교육이념) 교육은 홍익인간弘益人間의 이념 아래 모든 국민으로 하여금 인격을 도야하고 자주적 생활능력과 민주시민으로서 필요한 자질을 갖추게 하여 인간다운 삶을 영위하게 하고 민주국가의 발전과 인류공영의 이상을 실현하는 데 이바지하게 함을 목적으로 한다.

학교는 과연 이런 목적으로 아이들을 교육하고 있을까? 이런 정의나 목적을 보고 실소할 수도 있을 것이다. 사실 학생이나 교사에게 지금의 학교는 열심히 공부해서 혹은 시켜서 좋은 성적으로 좋은 대학에 입학하게 하기 위한 관문일지 모른다. 좋은 학교란, 아이들을 좋은 대학에 많이 보내는 학교인 것이다.

교사들은 학교의 방침에 따라 혹은 부모의 바람대로, 대학입시에서 성공하기 위한 더 많은 요령을 아이들 머릿속에 주입하고 있다. 학생들을 좋은 대학에 보내기 위해서 인격 도야, 자주적 생활능력, 민주시민으로서의 자질, 인간다운 삶의 영위, 인류공영의 이상 실현 등을 가르친 지는 오래되었다.

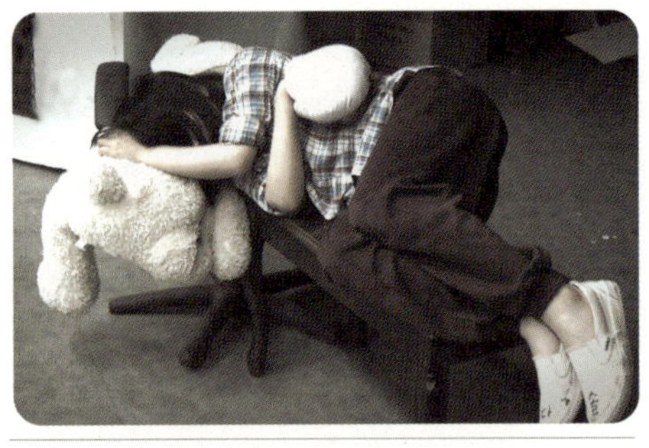

빡빡한 공부 스케줄에 지쳐가는 아이들.

좋은 학교에 대한 부모의 생각도 다르지 않다. 혹여 지금 아이가 다니고 있는 학교가 그런 역할을 제대로 하지 못한다고 느껴지면 사교육의 힘을 빌어서라도 내 아이를 좋은 대학에 보내려고 하는 것이 현실이다. 결국 아이는 청소년기 내내 공부만 하면서 보내게 된다. 낮에는 학교에서, 방과 후에는 학원 또는 도서관에서 학교 공부를 심화하거나 보충하면서 보낸다.

늦은 밤, 집에 돌아와서도 잠들기 직전까지는 참고서를 놓을 수 없다. 조금이라도 방심하면 아이들은 "그렇게 해서 대학 가겠니?"라는 잔소리를 듣는다.

이런 노력 덕분인지 우리나라는 다른 나라에 비해 대학 진학률이 높다. OECD 기준으로 만 18세 인구 중 대학 진학률2008년은 84%다. 그야말로 세계 최고를 자랑한다. 그 다음은 미국64%, 영국57%, 일본48%, 스위스38%, 독일36% 순이다. 2007년 국가청소년위원회가 밝힌 자료에 따르면 일반계 고등학교의 대학 진학률은 87.5%이며, 심지어 직업교육을 목표로 하는 전문계 고등학교의 대학 진학률도 68.6%에 달한다. 대학 진학을 위해 청소년기를 불사른 아이들, 과연 행복할까?

아이들에게 성적이 때론 삶의 전부가 되기도 한다. 성적을 비관하여 극단적인 선택을 한 청소년의 예는 우리 주변에서 종종 찾아볼 수 있다. 한 신문 보도에 따르면 2000년 이후 10세에서 19세 사이의 청소년 중

성적을 비관해 자살한 청소년이 매년 250명에 달한다고 한다. 10명 중 4명은 '성적' 때문에 자살 충동을 느낀 적이 있다고 답했다.

전인적인 발달보다는 대학입시를 위한 지식 축적이 학교의 목적이 되어 버린 지금, 학교란 무엇인가? 누구를 위한 성적인가? 누구를 위한 대학인가?

공장에서 찍어내는 공부 로봇도 아닌데

우리 아이들의 일상을 상상해보자. 이른 시각, 0교시 수업을 위해 떠지지도 않는 눈으로 밥도 대충 먹고 등교를 한다. 교실로 들어서면 이제부터는 밤늦은 시간까지 50분 단위로 짜여진 스케줄에 따라 공부를 한다. 쉬는 시간에는 짬짬이 학원 숙제를 한다.

정규 수업이 끝나면 자율학습을 위해 학교에 남거나 학원 셔틀버스에 몸을 싣는다. 집에 돌아왔을 때는 거의 자정이 가까운 시간. 그래도 다시 공부를 위해 책상 앞에 앉는다.

이렇듯 아이들의 일상에는 '나는 누구인가?' '어떤 인생을 살 것인가?'라는 생각을 할 틈이 전혀 없다. '너의 생각'을 물으면 여지없이 무너진다. 하지만 각종 국제 학력평가에서는 최상위권에 이름을 올린다. 지난 2007년 '수학·과학 성취도 비교연구TIMSS'에서 한국 학생들은 수학 세계 2위, 과학 4위를 각각 차지했다.

같은 해 TIMSS 평가 결과 능동·창의적 학습 수준을 측정하는 자신감과 흥미도 지수에서 한국은 49개국 가운데 43위라는 최하위 성적을 얻었다. 영국 국립과학학습센터NSLC 미란다 스티븐슨 박사는 한국 교육이, 학습에 대한 흥미와 동기를 부여해주는 대신 답 찾기에만 매달렸기 때문이라고 진단했다. 유도하고 생각하고 실험하게 하기보다 단편적인 지식을 주입하고 기계적으로 답을 찾는 연습만 수도 없이 반복했기 때문이라는 것이다.

획일적인 학교 교육을 꼬집는 말이 아닐 수 없다. 마치 우리의 학교는 대학 입시를 위한 공장 같고, 아이는 공장에서 찍어낸 규격품처럼 되어버렸다.

OECD에서는 2000년부터 3년마다 국제 학업성취도 평가PISA : Program for International Student Assessment를 시행하고 있다. 15세 이상의 학생을 대상으로, 교육과정에서 배운 단편적인 지식을 측정하는 것이 아니라, 실생활에 필요한 응용능력을 평가해보는 것이다. 지금까지 총 3회가 실시되는 동안, 가장 주목을 받은 나라는 핀란드였다. 핀란드는 총 3회의 시험에서 연속 1위를 기록했다. 그리고 세계의 많은 나라들이 '핀란드 학교'에 눈을 돌렸다.

핀란드 학교에는 어떤 비밀이 있는 것일까? 핀란드의 아이들은 국제 학업성취도 평가에서 1위를 했을 뿐만 아니라 학업에 대한 자신감, 공부에 대한 의욕이나 흥미도 또한 높은 점수를 받았다. 전 세계는 핀란드 교육의 성공 비법을 알아내려고 노력했다. 그리고 교육에 대한 기본적인 개념부터 뜯어고치며 핀란드식 학교 교육을 배우려 하고 있다.

그런데 그 비법이라는 것이 기존의 교육 방식과는 전혀 달랐다. 특히 우리나라의 학교 교육과는 정반대였다.

핀란드의 아이들은 오후 3시면 학교에서의 모든 일과가 끝났고, 사교육을 위해 학원을 가지도 않았고, 따로 과외를 받지도 않았다. 핀란드의 교육철학은 '아이들은 놀 권리가 있다. 그 권리를 최대한 충족시켜야 공부도 열심히 하게 된다'는 것이기 때문이다. 또한 시험 시간에조차 자유로운 발언이 가능했고, 의무교육이 이루어지는 7~16세까지 한 번도 석차가 있는 성적표를 제공하지 않았다.

학교는 학생을 절대로 선택할 수 없으며, 학교 선택권은 오직 학생들에게만 주어졌다. 수준별로 반을 편성하는 것도 금지였다. 학교활동의 구성과 교육은 철저하게 학생들이 중심이었다.

물론 우리나라도 국제 학업성취도 평가에서 3회 연속 5위 안에 드는 좋은 점수를 받았다. 하지만 어느 나라도 우리나라의 학교에 주목하지 않았다. 이유는 간단했다. 우리 아이들은 높은 점수를 받긴 했지만 학업에 대한 자신감도, 공부에 대한 의욕이나 흥미도도 형편없이 낮은 편이었기 때문이다.

게다가 공부시간은 믿기지 않을 정도로 길었다. 핀란드 아이들은 평일 평균 학습시간이 4시간 22분인데 비해 우리나라 아이들은 8시간 55분이나 되었다. 2배나 많은 공부를 하면서 비슷하거나 더 낮은 점수를 받은 것이다.

핀란드 아이들의 주관적인 행복지수 또한 우리 아이들보다 높았다. 우리나라는 OECD 23개국 중 꼴찌를 기록했지만, 핀란드는 9위를 기록했다. 점수로 비교해 보면 우리나라 청소년들이 더 안쓰러워진다. 핀란드는 주관적 행복지수가 104.7점으로 1위를 차지한 스페인과 8.9점밖에 차이가 나지 않는다. 우리나라는 66점으로 스페인보다 무려 47.6점이나 낮다.

공부에 대한 열의도 흥미도 가질 수 없는 상황에서, 세상 어느 나라보다 많은 시간의 공부를 강요당하고, 세상 어느 나라보다 행복하지 않은 아이들이 바로 우리 아이들이다.

아이를 위한 대안, 새로운 학교의 출현

정말, 아이들이 행복한 학교는 없는 걸까? 학교를 위해, 부모를 위해 공부하기보다 '나는 어떤 인생을 살고 싶은가?'에 대해 고민하고 꿈꾸게 하는 학교는 없는 걸까? 대학 간판을 운운하며 아이의 숨통을 조이기보다 행복한 삶을 이야기하며 건강한 어른으로 성장하도록 이끌어주는 학교는 없는 걸까?

제작진은 학생이 중심인 학교, 공부하라는 잔소리가 없는 학교, 아이들이 스스로 공부하게 하는 학교, 교실 밖에서 더 많은 것을 배우는 학교를 찾아보기로 했다. 그리고 대안학교에서 그 여정을 시작하기로 했다.

우리나라의 많은 교육운동가들은 1970년대부터 입시 위주의 주입식 교육, 개성을 무시한 획일적인 교육, 서열화를 목적으로 하는 평가 위주의 교육, 인성교육을 외면한 지식 중심 교육 등의 대안을 고민해왔다.

처음에는 교사, 학자, 종교인, 부모들이 중심이 되어 자발적인 소모임, 종교단체에서의 방과 후 프로그램, 주말 프로그램, 방학 중 캠프 등의 형태로 기존 학교교육의 문제점을 보완하려고 노력했다. 지식보다는 인성을, 아이들마다의 다양성을 중시하고, 주입식보다는 체험으로 깨닫게 하는 교육을 하려 했다. 사람들은 이것을 '대안교육'이라 불렀다.

1990년대에 들어서자, 교육운동가들을 중심으로 대안교육을 본격적으로 실행하는 학교가 만들어졌다. 1997년 경남 산청의 간디청소년학교를 시작으로 하여 1998년에는 경기

진정 아이들이 꿈꾸는 학교란 무엇일까.

도 안산에 들꽃피는학교, 충북 청원에 양업고등학교, 전남 담양에 한빛고등학교, 경북 경주에 경주화랑고등학교, 전북 부안에 변산공동체학교 등 8개의 학교가 개교를 했다.

1999년에도 두레 자연고등학교를 포함한 6개의 학교가 개교했다. 2000년이 되자 몇몇 대안학교의 성공에 힘입어 거의 매년 10곳이 넘는 대안학교들이 전국적으로 생겨났으며, 대안교육연대는 그 수가 현재 약 200여 개는 될 것이라고 추산한다.

우리나라 교육법은 대안학교를 '자연친화적이고 공동체적인 삶의 전수를 교육목표로 학습자 중심의 비정형 교육과정과 다양한 교수방식을 추구하는 학교'라고 정의하고 있다. 제작진은 여러 자료를 종합하여 대안교육의 특징을 다음과 같이 정리해볼 수 있었다.

첫째, 대안교육은 학생을 자율적이고 주체적인 인격체로 존중하고, 능동적인 학습이 일어날 수 있도록 내용과 방법을 제시한다. 둘째, 더불어 사는 삶을 중요시 여겨 인간과 자연, 인간과 인간 간의 관계를 중시한다. 셋째, 놀이와 공부가 따로 구분되어 있지 않다. 일 또한 공부의 하나이다. 넷째, 학생끼리뿐 아니라 교사와 학생, 학교의 다른 구성원

간의 유대와 소통을 중요시 여기고, 민주적인 의사결정 방식을 따른다. 대부분의 학칙이나 규율은 아이들이 제정한다.

제작진이 조사한 대안학교의 특징은 몇 가지만 짚어봐도 지금까지 알고 있는 학교와는 완전히 다른 모습이다. 정말 이런 교육이 이뤄질까? 제작진은 설렘과 의구심을 가지고 대안학교 중 하나를 선택하여 그곳에서의 1년을 밀착 취재해보기로 했다. 제작진이 선택한 학교는 2003년 개교한 '이우학교'였다.

Chapter 2

脫사교육 선언!
이우학교를 찾다

사교육 포기 각서를 쓰는 부모들

대여섯 살 때부터 한 달에 백만 원씩 하는 영어유치원에 다니고, 초등학생과 중학생 4명 중 1명이 조기유학을 다녀오며, 중학교마다 적게는 30명에서 많게는 70명까지 특목고특수목적고등학교와 자사고자율형 사립고등학교에 입학하는 도시, 바로 분당이다.

분당의 학부모들은 여타 지역의 학부모들에 비해 입시나 교육정보에 민감하다. 대학 진학을 위한 준비도 철저하다. 아이가 초등학교 고학년이 되면 이때부터 특목고를 목표로 공부를 시작한다. 과목당 30~40만 원씩 투자하면서 과외나 학원을 보낸다. 분당에서의 사교육 열풍은 사교육의 전당이라는 대치동 못지않다. 제작진이 선택한 이우학교는 바로 이 분당에 자리해 있다.

사교육 1번지, 분당에 위치한 이우고등학교.

처음 이우학교를 설립할 당시 강남 버금가는 사교육 1번지에 입시에 종속되지 않은 중고등학교 설립을 목표로 삼았다. 물론, 사람들은 믿지 않았다. 분당에서 입시와 무관한 학교를 세우는 것은 현실이 될 수 없는 한낱 꿈이라고 말했다. 100인의 공동설립자는 사람들이 꿈이라고 말하는 것을 현실로 만들기 위해 꼬박 3년을 준비했다.

땅을 사고 건물을 짓는 일도 순수한 기부금에 의존했다. 그리고 정성스럽게 학교 이름을 지었다. 학교 이름은 성공회대학교 신영복 교수가 손수 휘호까지 써 주며 '이우(以友)'라고 지어주었다.

'이우'라는 이름에는 아이들이 학교에서 무엇보다 마음의 문을 활짝 열 수 있는 친구를 만나고 스스로 그런 친구가 되라는 의미가 담겨 있다. 또한 각 학생들의 개성과 인격을 존중하고 그들 상호간에 경쟁이 아닌 협력 관계를 형성하겠다는 이우 설립자들의 다짐이 담겨 있기도 하다. 2003년 9월, 이우학교는 드디어 대망의 첫 입학식을 가졌고 이후 주위의 주목만큼 의심도 받으면서 성장해갔다.

그 후로 6년 남짓 지난 2010년 6월. 이우학교의 입학 설명회가 있었다. 중학교 60명, 고등학교 80명을 뽑는데 1,000명 가까운 부모들이 몰려들었다. 입학 설명회를 위한 강당은 발 디딜 틈조차 없었다. 미처 강당으로 들어오지 못한 부모들은 건물 밖에서 유리창을 통해 입학 설명회를 지켜보고 있었다. 이우학교는 서류전형뿐만 아니라 부모, 학생의 면접을 통해서만 입학생을 선발한다. 부모들의 표정에는 이 엄청난 경쟁률을 뚫기 위해서는 먼발치에서라도 입학 설명회를 들어야 한다는 비장함마저 감돌았다.

설립 당시 '감히 분당에서 대안학교라니' 하고 혀를 끌끌 차던 사람들이 이제는 자신의 아이를 보내기 위해 이곳을 찾았다. 물론 '이우학교 졸업생들이 명문대 진학을 많이 한다더라'는 기사 때문에 이우학교에 끌린 사람도 있을 터였다. 약속된 입학 설명회 시간이 되자, 이우중학교 교감선생님이 나와 이우학교를 소개하기 시작한다.

"학생들 두발 단속 안 하고요. 교복도 안 입습니다. 그러니까 일반 학교에서 교문 지도라고 하는 것이 우리 학교에는 없습니다. 야간학습이나 보충수업도 없어요."

이우학교에는 교복이 없다. 두발 단속도 없다. 아이들은 자신이 원하는 스타일의 옷을 입고 머리 모양을 할 수 있다. 귀를 뚫은 아이도 있고 염색

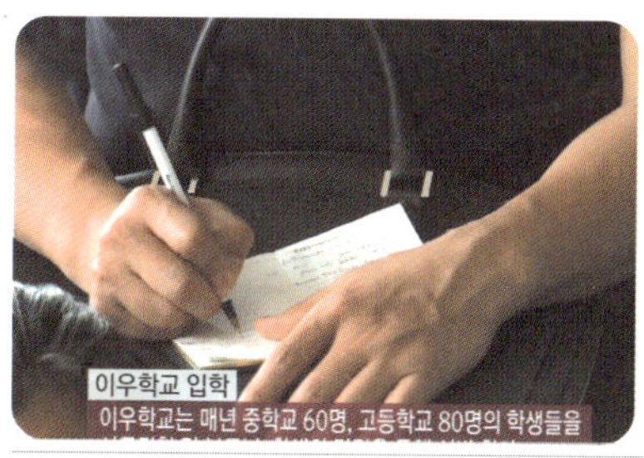

이우학교의 입학 설명회.

을 한 아이도 있다. 그리고 이우학교는 고등학생이라도 학교에서의 모든 활동은 오후 5시 40분에 끝난다. 이후로는 어떤 보충수업도 야간학습도 없다. 등교도 오전 8시 20분으로 다른 고등학교에 비해 늦은 편이다.

부모와 함께 이우학교를 찾은 아이들의 눈은 반짝반짝 빛나고, 설명을 듣는 부모들의 얼굴빛은 점점 어두워졌다. 우리나라 부모들에겐 학교가 명문대에 몇 명의 학생을 진학시켰는지 대학 진학률을 높이기 위해 학생들을 어떻게 관리하고 있는지가 더 중요하다. 부모들의 얼굴에는 '저렇게 해서 과연 우리 아이가 경쟁에서 승리할 수 있을까?'라는 글자가 쓰여 있는 듯 했다. 그때 선생님이 더욱 충격적인 말을 했다.

"우리 학교에 입학하려면 이우학교 지원 서류 중 소개서 마지막 장에 있듯 사교육 포기 각서를 반드시 작성하셔야 합니다."

사교육 포기 각서? 부모들은 충격을 감추지 못한다. 야간학습도 보충수업도 없는 학교가 사교육도 시키지 말라니 부모 입장에서는 경악하지 않을 수 없었다. 지원 서류를 살펴보니 정말 마지막 장에 '학부모 서약사항'이 있다.

| 학부모 서약사항 |
1. 본인은 귀교 지원자의 보호자로서 위 교육 이념 및 교육적 추구에 동의하며, 다음의 사항을 약속합니다.
  • 자기주도적 학습의 실현과 학교 교육의 정상화를 위해 사교육을 시키지 않겠습니다.

 ■ EBS 교육대기획 학교란 무엇인가

이우학교는 사교육 1번지 분당에서 사교육과 담판을 지으려는 것처럼 부모들에게 서약을 요구했다. 다소 공격적으로 보이는 이들의 교육원칙에는 그만한 이유가 있었다. 전 이우학교 교장인 정광필, 이우학교 교사, 이우학교의 부모들이 함께 쓴 책 『이우학교 이야기』에 따르면 첫째는 사교육이 스스로 공부하는 힘을 빼앗아 간다고 보았기 때문이고, 둘째는 사교육을 받으면 아이들이 주체가 되는 동아리 활동이나 학생회, 특성화 교과, 체험활동 등을 충실히 하기 어렵기 때문이다.

물론 이외에도 학습의 양보다 질이 중요하며, 학생 중심의 토론수업을 하는 이우의 교육과정이 사교육보다 훨씬 우월하다는 확신이 있었기 때문이다.

선생님의 축하 공연이 있는 입학식

2010년 3월 2일 이우학교의 일곱 번째 입학식이 있던 날. 아직 겨울이 남아 있는 쌀쌀한 날씨, 아이들은 두터운 겨울옷을 입고 입학식에 참석했다. 장난기 많고 호기심 많은 열일곱. 이제 막 고등학생이 된 아이들은, 이우와의 첫 만남이 유쾌한 모양이다. 잔뜩 긴장하고 서 있는 여느 학교

이우학교 입학식 날, 선생님들의 공연이 펼쳐졌다.

의 입학식과는 다르게 아이들이 다소 소란스럽다.

저희들끼리 학교에 대한 이런저런 이야기를 나누고 있는 사이, 정광필 교장선생님 말씀이 시작됐다. "신입생 여러분 입학을 축하합니다. 여러분 스스로 손발을 움직여서 몸으로 느끼는 이우가 되도록 바꿔보겠습니다."

훈시라기보다는 다짐을 하는 교장선생님이다. 이후 입학을 축하하는 교사들의 공연이 시작됐다. 무대에 나온 여자 선생님 3명과 남자 선생님 3명이 짝을 이뤄 무릎을 까딱거리며 춤을 추기 시작했다.

오늘 무대를 위해 선생님들은 며칠 동안 서로의 동작을 맞추며 맹렬히 준비했다. 하나같이 밝게 웃는 선생님들의 얼굴에는 공연에 대한 자신감이 묻어났다. 그런데 아이들이 보기에는 뭔가 어색한 모양이다. 뭔가 달라 보이는 이우학교 입학식. 제작진은 이우고등학교 1학년 3반의 일 년을 따라가 보기로 했다.

3월 4일 첫 등교일, 전날의 비가 함박눈이 되어 아이들에게 멋진 설경을 선물했다. 덕분에 아이들에게는 잊지 못할 첫 등교일이 되었다. 아이들은 버스를 타고 학교에 도착해 가파른 등굣길을 멋진 설경과 함께 걸어 올라왔다.

이우학교는 '대안학교의 대부분은 농촌에 자리 잡고 있거나 산 속에 있다'는 통념을 깨고자 도심 속에 세워진 대안학교이다. 대다수의 아이들이 도시에 있는데, 학교가 농촌이나 산 속에만 위치하고 있다면 도시에서 학교를 다녀야 하는 중고생들을 구할 수 없기 때문이었다.

하지만 행정구역상 분당일 뿐, 도시 한가운데 있는 학교는 아니다. 주변이 온통 산으로 뒤덮여 자연 속의 '작은학교' 형태를 띠고 있었다.

1학년 3반 아이들도 오전 8시 20분에 맞춰 하나둘 교실로 들어섰다. 첫날 아이들은 새로운 교과서를 배부 받고, 반 친구들 한 명 한 명의 이름을 듣고, 얼굴을 좀 더 가까이에서 보았다.

1학년 3반에는 일등부터 꼴찌, 모범생에서 문제아까지 골고루 섞여 있다. 인원은 총 20명. 아직은 낯선 이름이 더 많지만 이 아이들은 뜨거운 화학작용으로 공부하고 싸우고 사랑하며 친구가 될 운명의 주인공들이다.

20명 아이들의 얼굴을 둘러보다가 제작진은 다소 독특한 책상 배열을 발견했다. ㄷ자 형태로 놓인 책상은 4명씩 모둠을 이룰 수 있도록 자리가 배치되어 있다. 모둠형은 교사가 학생들과 가장 많이 상호작용을 할 수 있는 자리배치다. 공간과 거리는 미묘한 방식으로 의사소통 과정에 많은 영향을 미친다.

미국의 인류학자 홀Hall은 사람들은 다른 사람들과 상호작용을 할 때 친밀한 정도에 따라 각기 다른 거리를 사용한다고 말했다. 그는 친밀한 간격은 15~45cm, 개인적인 간격은 46cm~1.5m, 사회적 간격은 1.5~3.6m라고 말했다. 그의 이론에 입각하면 모둠형 자리배치는 아이들 간의 친밀감을 높일 뿐 아니라 교사와의 친밀감도 높일 수 있는 배치였다.

교실 밖의 교육, 더 많은 것을 배운다

그렇다면 오전 8시 20분부터 오후 5시 40분까지의 학교생활이나 수업은 어떻게 이루어질까. 놀랍게도 아이들은 교실에 없었다. 영 녹지 않을 것 같던 눈이 녹고 노란 꽃이 바람에 흔들리는 봄이 되자, 아이들은 논으로 밭으로 나가기 시작했다. 이우학교는 그것을 수업이라고 했다. 이름 하여 '농사수업', 이우학교의 봄은 농사수업과 함께 시작된다.

수업이 시작되자 아이들은 삽과 곡괭이를 들고 학교 텃밭으로 모였다. 챙이 큰 모자와 면장갑, 장화까지 챙겨 신고 나온 여학생은 교사에게 적합한 복장을 갖췄다며 칭찬까지 들었다. 아이들은 교사의 지도에 따라 딱딱한 흙을 곡괭이로 갈고, 삽을 높이 들어 땅을 파기 시작했다. 씨앗을 심기 위해서다.

도시에서만 자란 아이들이라 삽질도 곡괭이질도 영 서툴렀다. 삽을 높이 들어 힘껏 내리쳐도 원하는 만큼의 땅이 파지지 않았다. 헛손질이 제법 되었다. 아이들의 몸이 땀으로 범벅이 되자, 그제야 씨 뿌리기 좋은 밭이 되었다.

몸소 체험을 통해 배움을 얻는 이우학교 수업.

땅을 파던 아이들은 잠시 휴식을 취하며, 모자를 벗어 서로 부채질을 해주기도 하고 서로의 땀을 닦아주기도 했다. 휴식 후에 교사는 아이들에게 먼지 같은 적상추 씨앗을 나눠줬다. 아이들은 이렇게 작은 씨앗을 본 적도 없고 어떻게 심어야 하는지 가늠도 되지 않았다.

작은 씨앗 길을 내고 듬뿍듬뿍 씨앗을 뿌리는 민희에게 "씨 뿌릴 땐 좀 소심해져야 해"라고 선생님이 조언을 한다. 씨앗을 뿌린 아이들은 물뿌리개로 땅이 촉촉하게 젖을 정도로 물을 주었다. 그때 선생님의 가르침 한마디가 이어졌다.

"작물은 밭주인의 발자국 소리를 듣고 자란다는 얘기가 있어요. 밭주인이 관심을 갖고, 주의를 기울여줄수록 더 잘 자란다는 것입니다."

오늘 농사수업의 가르침은 부지런, 또 부지런하라는 것이다. 아이들은 자신이 뿌린 씨앗이 무사히 싹 틔우는 것을 보기 위해 쉬는 시간, 등하교 시간에 수시로 자기 밭을 들여다보았다. 며칠이 지나자 햇볕이 마법을 부린 듯 상추, 치커리, 파 등이 나오기 시작했다. 선생님은 농사수업의 목표를 다음과 같이 말한다.

"아이들 스스로 씨앗을 뿌리고 그곳에서 싹이 나오는 것을 보면서 '생명은 소중한 것'이고, 그것을 통해서 '다른 생명들도 소중하다'는 것을 배우게 됩니다."

농사수업에는 학교 앞 논에 모내기 과정도 있다. 아이들은 트럭에 몸

도시에서는 경험하기 힘든 농사수업.

을 신고 논으로 향했다. 그리고 트랙터가 들어가기엔 너무 작은 논에 '손모'를 심었다. 하지만 아이들은 모와 잔디도 제대로 구분하지 못한다.

도시에서 나고 자란 이 아이들이 직접 모를 심는다. 바지를 허벅지까지 걷어 올리고 얼굴에 잔뜩 진흙을 묻혀가며 줄 맞춰 모를 심고 나면, 아이들은 왠지 모를 뿌듯함을 느낄 것이다. 모판에서 조심스럽게 옮겨와 예쁘게 줄 맞춰 심어 놓은 모들. 아이들은 서로 고구마 새참을 나눠 먹으며 가을에 이 모가 어떻게 자라게 될지 상상했다.

농사수업은 '다양한 삶의 체험을 통해 배운다'는 이우학교 교육과정 중 하나이다. 두뇌의 특정 부위만을 자극하는 공부가 아니라 오감과 손발을 자극해 '가슴에서 머리'로 가는 공부를 하도록 돕기 위한 교육과정이다. 이러한 공부는 머리만 발달하는 것이 아니라 가슴과 손발이 골고루 발달하도록 돕는다.

농사수업은 또한 노작교육 중 하나이기도 하다. 이우학교의 아이들은 농사, 요리, 옷 만들기, 목공·철공, 집짓기 등의 노작활동을 통해서 노동의 의미를 깨닫고 생태적 삶의 방식을 익혀나가게 된다. 아울러 장래에 선택할 직업에 대한 풍부한 영감과 상상력도 기르게 된다.

이우학교에는 정규교과에서 체험활동과 결합된 수업이 3분의 1정도 된다. 이러한 교육을 고집하는 이유는 무엇일까. 2010년 당시 교장이었던 정광필 선생님은 교육에서 가장

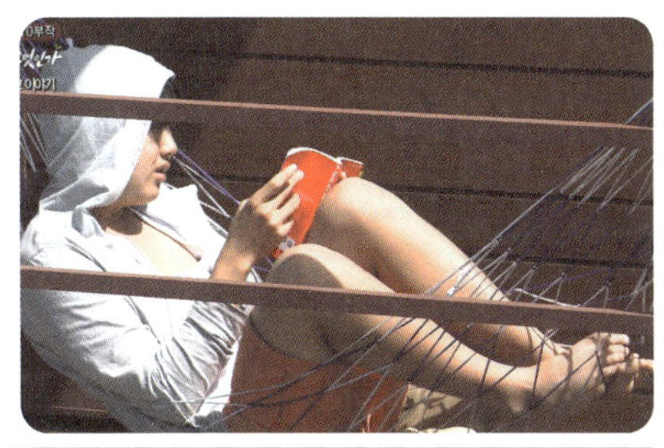

자유시간을 알차게 보내는 이우학교의 아이들.

중요한 것은 '아이들의 깊은 내면의 힘을 성장시키는 것'이기 때문이라고 말한다.

이우학교 아이들에게는 많은 자유가 주어졌다. 쉬는 시간이 20분, 점심시간은 100분이다. 수업 외 시간에는 무엇을 하든 자유다. 그런데 이런 넘치는 자유 속에서 아이들은 의외로 열심히 공부했다.

쉬는 시간과 점심시간, 아이들은 피서지에 와서 한가로이 책을 읽듯 원서로 된 소설을 읽고 다소 어려워 보이는 문학서도 읽었다. 삼삼오오 모여 토론을 하기도 하고 스터디를 하는 그룹도 있었다.

이우학교의 수업은 80분을 한 '블록'으로 하여 이루어진다. 이우학교에서는 교시를 '블록'이라고 한다. 보통 일반학교의 2교시가 한 블록이라고 보면 된다. 80분 수업이 아이들에게 너무 길지 않을까 생각하는 사람도 있지만, 실험도 많고 체험도 많아서 80분 수업은 항상 빡빡하다. 80분 동안 아이는 모둠 친구들과 생각을 나누며 배움의 깊이도 더해 간다.

오전 8시 20분에 등교를 하면 8시 40분부터 10시 20분까지가 1블록, 10시 40분부터 12시 20분까지가 2블록이다. 점심시간은 12시 20분부터 오후 2시까지인데, 이 시간은 주로 동아리 활동이나 학생 자치 활동시간

으로 활용되는 편이었다. 점심시간이 지나면 다시 두 개의 블록 수업이 진행된다.

2010년 5월은 '이우학교 환경주간'이었다. 학교행사 중 하나로 아이들이 주관한다. 아이들은 5월의 주제를 '환경'으로 정하고 각 동아리 및 개인별로 다양한 활동을 펼쳤다. 활동은 주로 점심시간에 이루어졌다. 한 남학생은 '분리수거를 철저히 하자'는 피켓을 목에 걸고 학교 곳곳을 돌아다녔다.

또 다른 여학생은 환경 올림픽을 개최한다며 아이들을 끌어 모았다. 다양한 쓰레기를 모아놓고 직접 분리수거를 해보는 행사도 열렸다. 아이들은 플라스틱, 종이, 캔이라고 적힌 분리수거함에 놀이를 하듯 쓰레기를 던지며 행사를 즐겼다.

이 행사를 주최한 2학년 학생은 "분리수거를 어떻게 하는지 알려주고, 무엇보다 친구들이랑 재미있게 환경주간을 즐기려고 만들었어요"라고 말했다. 환경동아리 아이들은 직접 교실을 찾아다니며 행사를 홍보하기도 했다.

환경동아리 대표 학생은 우리가 직접 실천할 수 있는 환경 운동을 제시하기도 했다. 방법은 제법 참신했다. "우리가 식판 위에다 상추를 얹은 다음, 그 위에 밥이랑 반찬을 놓으면 나중에 너희가 상추를 먹으니까 식판에 밥풀 찌꺼기도 안 묻고 음식 쓰레기도 줄일 수 있어. 그런데 이렇게 먹으면 음식 쓰레기를 줄일 수 있을 뿐만 아니라 진짜 맛있어."

환경동아리 대표가 말한 방법은 곧 적용되었다. 상추는 이우고등학교 1학년 학생들이 제공하기로 했다. 아이들은 직접 상추를 따서 학교 식당에 전달했다. 그날 이우학교 전교생은 식판에 상추가 깔린 밥을 먹었다.

학교 식당이 환경주간 행사장이 된 것이다. 아이들의 호응은 좋았다. 아이들은 환경을 위해 스스로 고안해낸 작은 실천을 하며 많은 것을 배워가고 있었다.

배움의 주체는 학생

이우학교에서는 수업의 주인이 교사가 아니라 학생이다. 교사 기분에 따라 수업 분위기가 좌우되고, 수업 기술이 부족한 선생님 때문에 1년을 고생하는 일 따위는 없다. 1분기에 한 번씩 '좋은 수업 만들기'라 하여 학생과 선생님이 함께 수업을 점검하고 각 학급에 적합한 수업방식을 만들어갔다.

'좋은 수업 만들기' 간담회는 이우학교 설립 초기부터 있었던 것은 아니었다. 2007년 이우학교의 총학생회 학습부가 '정규수업 안에서의 배움 활성화'라는 목적으로 교사회와 학생들에게 간담회를 제안하면서 시작되었다. 간담회에서는 수업의 주체인 교사와 학생이 동등하게 '수업'에 관한 자신의 의견을 말했다. 주제는 교사에게 바라는 점, 학생들의 수업 태도에 대한 성찰과 반성, 수업의 좋은 점과 어려운 점 등이었다.

1학년 3반 교실에서도 '좋은 수업 만들기'에 대한 토론이 있었다. 사회자가 칠판 앞에 서서 오늘의 주제에 대해서 말했다. "어떻게 개선하면 좋을까? 각자 생각해봤으면 좋겠어"라고 하자, 한 학생이 먼저 의견을 말했다. "나는 모둠토론이 더 생기면 지금보다 나아질 것이라고 생각해." 서기 역할을 하는 아이가 토론내용을 바로 칠판에 적었다. '모둠토

좋은 수업은 아이들이 주체적으로 만들어간다.

론이 더 있었으면 좋겠어요 → 강의식 수업 조금만 줄여주셨으면'이라고 적었다.

이우학교를 처음 경험하는 아이들은 수업 과정에 자신의 의견을 반영할 수 있다는 것이 어색하기만 했다. 지켜보는 제작진 입장에서도 이 장면은 다소 어색해 보였다. 하지만 곧 이 아이들도 교실에선 학생이 수업의 주인이라는 것을 깨닫게 될 것이다.

학생이 배움의 주체인 학교. 이우학교의 모든 시험은 무감독으로 치러졌다. 중학교 1학년만 시험 치는 방법을 가르치기 위해 감독할 뿐이었다.

무감독 시험은 이우의 전통이다. 교사는 시험지를 나눠준 후 "여러분은 친구랑 경쟁하는 게 아니라 자기 자신과 경쟁하는 것이기 때문에 무감독 시험으로 진행합니다"라고 말하고는 교실을 횡하니 나가버렸다. 오늘 시험은 내신 성적에 반영되지만 아이들을 상대로 의심 같은 것은 없었다. 제작진은 무감독 시험을 경험한 1학년 학생 몇몇을 인터뷰했다.

　　"우리를 믿어줘서 그렇게 하는 거잖아요. 괜찮은 것 같아요. 좀 놀라
　　긴 했지만요."

　　"시험이 자기와의 싸움이란 것을 가르치기 위해서 그러는 것 같아
　　요. '커닝 할까 말까' 하는 나, '안 돼 이러면 안 돼' 하는 나와의 싸움
　　같은 거요."

　학교는 아이들을 지도하고 감독하는 것이 아니라, 그들에게 무한한
신뢰를 보냈다. 아직 미숙하기 때문에 실수할 것이라고 단정 짓는 것이
아니라 무조건 믿어줬다. 아이들은 자신이 이러한 신뢰를 받고 있다고
느끼면, 그 신뢰를 보내주는 학교나 교사에게 더 큰 신뢰를 보내게 될
것이다. 이우의 아이들은 학교 전체로부터 존중받고 있었다.
　이전 학교에서는 몰랐던 인격체로서의 존중. 존중을 받은 아이들은
단단한 자존감을 가진 사람으로 의젓하게 성장해갈 것이다. 이우학교의
한 교사는 말한다.

　　"원래 평가의 목적은 공부한 내용을 점검받는 정도입니다. 그런 면에
　　서 아이들의 시험을 감독한다는 것은 오히려 부자연스러운 것 같습
　　니다."

　종종 우리들의 학교는 시험으로 아이 자체를 평가한다. 시험은 아이
스스로 자신이 학습한 내용을 점검하는 수단임에도 불구하고 시험성적
이 곧 아이의 수준인 양 대한다.

때문에 아이들은 시험문제 한 개 더 틀렸다고, 성적 좀 떨어졌다고 스트레스를 받고 학교나 집에서 죄인이 된다. 시험 결과에 자신의 행복이 좌우되지 않는 아이들. 이우학교는 그런 건강한 아이들을 키워내고 있었다.

이우학교_ 2003년 개교한 대안학교로, 경기도 분당에 위치했다. 학생들의 개성과 인격을 존중하며 상호 경쟁이 아닌 협력을 통한 교육을 실천한다. 100인의 공동설립자는 사람들이 '꿈'이라 말하는 것을 현실로 만들기 위해 꼬박 3년을 준비했다. 이곳에서는 일반 학교에서 진행하는 학생 두발 단속, 교복, 교문 지도가 없다. 농사 수업, 모둠 수업, 무감독 시험, 연극 수업(한여름 밤의 꿈), 좋은 수업 만들기(학생자치 토론), 도보 수행 등 실험적인 수업을 실시한다.

이우학교에서 만난 아이들

지식 공부보다 마음 공부가 중요하다

이야기로 갈등을 풀어가는 아이들.

이우학교의 교육과정에는 '마음의 착한 싹을 틔우는 교육'이라는 것이 있다. 더불어 사는 삶을 위해 따뜻한 마음을 키워주는 교육과정이다. 학교 활동의 곳곳에는 생각하게 하는 수업이 숨어 있다. 아이들은 이런 수업을 통해 자아와 인생, 사회, 역사, 과학·기술, 문화·예술 나아가 우리의 문명 전반에 대한 성찰을 기르게 된다. 1학년 3반 아이들이 처음으로 떠난 MT 또한 그런 수업이었다.

다른 사람과 의견을 나누는 방법에 대해 고민해보게 하는 것, 그것은 마음 밭에 거름을 주는 일이기 때문이다.

어둑어둑해지는 4월의 어느 저녁. 1학년 3반 아이들이 작은 가방을 하나씩 메고 산으로 갔다. 학교 근처의 산장으로 난생 처음 떠난 MT. 숙소에 도착한 아이들은 짐을 풀고 오락시간을 가졌다. 유행하는 춤을 추기도 하고, 좀비놀이도 하고, 베개 싸움도 하면서 아이들답게 신나게 놀았다. 그런데 밤이 깊어지자 분위기가 달라졌다.

둥글게 앉은 아이들은 다소 심각한 얼굴이 되어 지난 2개월 동안 생활하면서 가졌던 고민들을 말했다. 주된 이야기는 이우중학교 출신들끼리 너무 친해서 다른 중학교 출신들은 끼기가 힘들다는 것이었다.

이우중학교를 졸업하는 60명 중에 대부분이 시험을 쳐서 다시 이우고등학교로 입학하기 때문에 실질적으로 새로 입학하는 학생은 20~30명 정도밖에 되지 않는다. 그러다 보니 다른 중학교에서 온 학생의 일부는 본인이 마치 전학생인 것 같은 느낌을 받기도 한다.

조금 더 시간이 지나면 해결될 일이지만, 다른 중학교에서 온 아이들은 미묘한 불편감에 대해서 털어놓았다. 아이들의 감정이 격해지자, 누구도 더 이상 다른 의견을 내지 않았다. 서로의 마음을 제대로 전하지 못한 답답함이 방안을 가득 채웠다. 한 아이가 말한다. "아, 이런 식으로 끝나는 거야?" 1학년 3반 아이들은 서로의 얼굴도 쳐다보지 못하고 각자 생각에 잠겼다. 그저 잘 들어주기만 해도 되는 일인 것을 아이들은 아직 몰랐다.

MT를 다녀오고 며칠 지나 음악수업이 있었다. 이우학교의 음악수업 역시 '생각하게 하는 수업'의 일환이었다. 노래 부르는 법, 악기 다루는 법을 배우고 음악가와 작품 배경, 이론에 대해 시험을 보는 것이 아니었다. 이우학교 아이들에게 음악은 마음을 이해하는 하나의 수단이다. 1학년 3반의 음악수업. 지난 시간, 선생님은 아이들에게 자기를 보여줄 수 있는 무엇인가를 가져오라는 과제를 주었다. 아이들은 한 주 동안 '나'에 대한 깊은 생각을 했다. 그리고 그것을 어떻게 보여줄지 고민했다.

이우학교 아이들은 음악수업을 통해 마음을 표현한다.

수업이 시작되자, 재민이가 가장 먼저 자신을 보여주었다. 재민이는 기타를 치며 읊조리듯 노래를 불렀다. 반 아이들은 재민이의 노래를 제법 진지한 표정으로 들었다.

| 이우 고등학교의 음악수업 |

소현이는 자신의 마음을 보여주겠다고 했다. 교탁 앞으로 나가 친구와 마주 보고 앉아 마음 '속' 과 '겉' 의 대화를 들려주었다. 앞자리의 친구는 자신의 '마음 겉' 이고 자신은 '마음속' 이라고 말했다.

마음 겉 : 나는 내가 그런 모습을 보여주는 것이 다른 사람들한테 너무 창피하고 자꾸만 도망가고 싶어. 다른 사람에게 나를 보여야 할 필요성을 못 느끼겠어.

마음속 : 그럼 어떻게 살 수 있어? 자신을 인정하지 않고서야 어떻게 살 수

EBS 교육대기획 학교란 무엇인가

마음 겉 : 인정해야 한다는 것은 나도 알아. 그렇지만 그게 잘 안 되는 거야.

소현이는 들키고 싶지 않은 속마음을 보여준 뒤 쑥스러워하며 얼굴을 가렸다. 아이들은 큰 박수를 보냈다. 소현이는 자기만의 속마음이라고 생각했지만, 열일곱 아이들 마음속에는 소현이와 비슷한 속마음이 있었다. 동질감 그리고 위로. 왠지 뭉클해 보이는 아이들의 얼굴. 소현이의 발표로 아이들은 조금 더 친밀해진 자신들을 느낄 수 있었다.

음악 선생님은 "내 안에는 수많은 감정과 생각들이 있어. 그것을 다 표현할 수 없어서 괴로울 때가 많은 것 같아. 선생님도 소현이의 대화를 들으면서 막 눈물이 날 것 같았어"라며 아이들의 마음을 읽은 듯 공감의 메시지를 보냈다.

효진이는 자기가 하고 싶은 말을 보여주겠다며 큰 종이비행기를 만들어와 창문 멀리 날렸다. 수영이는 랩으로 요즘 자신이 친구에 대해서 생각하고 느낀 점을 보여줬다. 아이들은 웃음을 참지 못하며 수영이의 랩 한마디 한마디를 들었다. 수영이가 만든 랩 가사는 자신들의 생각과 꼭 닮아 있었다.

"어릴 때 만나면서 친해진 줄 알았지. 따로 만나니까 적막해진 분위기. 어쩌지? 반복되는 서먹한 나날들. 지속되는 가식적인 하루는 너무 질렸지. 꿈을 꿨어. 다 같이 웃으며 이야기하는 꿈을 말이야."

수영이의 랩이 끝나자, 탄성과 함께 우레와 같은 박수가 이어졌다. 아이들은 조금씩 마음을 여는 법에 대해 터득해가고 있었다. 자신의 입장과 다르더라도, 그것은 누가 옳고 그른가의 문제가 아니라 충분히 공감하고 배려할 만한 여지가 있음을 알게 되었다. 이렇게 아이들은 세상을 살아가는 데 보탬이 될 참된 지혜 하나를 더 얻었다.

더 이상 성적에 주눅 들지 않는다

1학년 3반 박준우. 준우는 이우학교 미식축구팀 주전이다. 진지한 눈빛으로 팀원들에게 작전을 알려주고, 냉철한 판단과 빠른 발로 언제나 팀을 승리로 이끄는 주인공이다. 이런 멋진 준우의 모습을 선생님들도 모두 좋아한다. 그런데 시험 때만 되면 다소 상황이 달라진다.

시험 날 만난 준우, "시험 잘 봤어?"라고 묻자, "물어보지 마세요. 망했어요"라고 대답하며 운동장으로 나가버렸다. 준우의 시험 결과에 대한 1학년 선생님들의 생각도 다르지 않았다. "준우 큰일 났어. 어떡해" "그래도 수행평가는 다 잘하잖아" "준우가 과학은 좋아하는 것 같아" 담임선생님은 성적표에 '과학적 호기심이 높고 수업시간에 집중을 잘합니다'라고 적었다.

이틀 뒤 준우의 집. 엄마는 성적표가 왔다며 준우를 거실로 부른다. 준우가 대답했다. "나는 안 보면 안 돼?" "안 돼. 당사자가 와야지." 엄마는 단호한 말로 아빠가 계신 거실로 준우를 데려갔다. 그리고 모두가 보는 앞에서 성적표 봉투를 뜯었다.

엄마 아빠 앞에서는 자신의 성적에 털털한 척 굴었던 준우. 다음날 수업이 끝나자 교무실로 수학 선생님을 찾아갔다. 준우는 수학 선생님 앞의 기다란 책상에서 수학 공부를 하기 시작했다.

선생님 책상 앞에 앉으며 준우가 장난스럽게 "엄마가 방학 때 선생님 집에 들어가서 공부나 하래요. 그래서 제가 싫다고 했어요" 하고 말했다. 수학 선생님도 웃으며 "그래, 나도 진짜 너 데리고 어디 일주일만 가서 빡세게 공부 좀 시키고 싶다"고 답했다.

수학 선생님은 준우의 결심을 높이 샀다. 선생님도 오랫동안 옆에서 지켜보면서 어떤 부분에서 자주 막히는지 좀 봤으면 좋겠다고 생각하던 차였다. 준우는 복도가 컴컴해질 때까지 제법 오랜 시간 수학 선생님의 책상에서 함께 공부를 했다.

1979년 교육학자 바셋과 스미스Bassett & Smythe는 높은 학업 성취를 보이는 학생과 낮은 학업 성취를 보이는 학생의 특성을 정리해서 발표한 바 있다. 그들은 낮은 학업 성취도를 보이는 학생은 학교와 교사에 대해 비호의적인 태도를 가지며, 학습에 대한 책임을 지지 않으며, 동기가 낮다고 했다. 말썽을 피우며, 개인적으로 사회적으로 적응하는 데 어려움을 갖고 있다고 보았다.

하지만 준우는 낮은 학업 성취를 보이는 학생임에도 불구하고 이 중 어떤 특성도 가지고 있지 않았다. 성적이 좀 떨어지기는 하지만, 스스로 자신에 대한 긍정적인 평가를 가지고 있기 때문에 바셋과 스미스가 말하는 일반적인 특징을 보이지 않았다.

준우에게 성적은, 필요하다면 노력해서 바꿔야 하는 것이지, 자신을 평가하는 전부는 아닌 것이다. 이런 생각은 준우를 가르치는 선생님들도 마찬가지였다.

이우학교 아이들은 성적에 주눅 들지 않았다. 잘하면 좋은 것이지만, 못한다고 창피한 것은 아니었다. 학교 또한 이런 아이들을 창피하게 생각하지 않았다. 그보다 자신이 무엇을 할 때 행복한지를 아는 것이 더 중요하다고 생각했다.

자신이 중요하다고 생각하는 가치에 따라, 남들 눈을 의식하지 않고 당당하게 사는 삶이 더 중요하다고 생각했다. 모든 아이들이 의사, 판사, 변호사, 대학교수, 대기업의 사원이 될 수는 없다. 누군가는 음식점도 해야 하고, 공장의 기계도 돌려야 하고, 배달도 해야 한다. 더불어 사는 사회에서는 이 모든 것이 사회를 유지시키는 의미 있는 일이기 때문이다.

　■ EBS 교육대기획 학교란 무엇인가

경쟁은 친구와 하는 것이 아니다

이우고등학교 2학년 교실에 들어섰다. 희철이가 현호에게 수학을 배우고 있었다. 희철이는 교과서로 공부를 하다가 이해가 되지 않자 같은 반 현호에게 긴급 도움 요청을 했다. 아이들은 수업시간에 놓친 것을 친구에게 의지해 해결한다. 그런데 가르치는 아이도 배우는 아이도 다 열심이다. 가르치는 현호는 마치 교사처럼 칠판에 수학 공식을 하나하나 써가며 정성들여 설명하고, 배우는 희철이는 눈을 반짝거리며 집중해서 들었다.

희철이는 친구에게 배우는 것이 선생님한테 배우는 것보다 더 좋다고 말한다. 추억도 많이 쌓을 수 있고, 배운 것도 더 잘 기억되고, 무엇보다 원할 때면 언제든지 배울 수 있기 때문이다. 희철이 또한 가르쳐주면서 머릿속에 정리가 되어 좋다고 대답했다.

그래서 이우학교 공부는 맛있다. 이우학교의 홈페이지에는 아이들이 정리해서 올린 공부법이 가득하다. 요약정리는 시험 바로 전날까지 올라온다. 이우학교 아이들은 친구와 경쟁하지 않는다. 고등학교 2학년인 한 여학생은 이런 학풍에 대해서 이렇게 말한다.

"경쟁은 학교 친구들과 하는 것이 아니기 때문에, 학교 친구들이 다 같이 잘하게 되는 것이 나쁠 것이 없다고 생각해요."

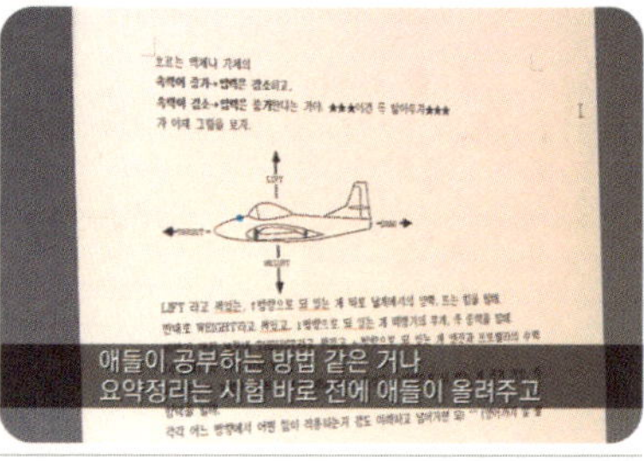

경쟁은 자기 안에서 이루어진다.

웬만한 어른보다 나은 생각. 이우학교의 아이들은 나눌수록 커지는 것이 사랑만은 아니라는 것을 깨우쳐 가고 있다. 아이들에게 친구는 경쟁자가 아니라 함께 앞으로 나아가는 배움의 공동체이다.

우리 아이들이 중고등학교를 다니는 14~19세는 흔히 말하는 청소년 기다. 물론 청소년을 지칭하는 나이는 조금씩 다를 수 있다. 청소년 기본법에서는 9~24세를, 청소년 보호법에서는 19세 미만을 청소년으로 보고 있으며, 영화진흥법에서는 18세 미만을 연소자로 보고 있다. 학자들마다 규정짓는 나이도 조금씩 차이가 난다. 1900년 초기, 청소년이라는 개념을 처음 창안한 심리학자이자 교육학자인 홀은 12~23세를 청소년기라 하였다.

프로이트만큼이나 유명한 인지심리학자 에릭슨 Erik H. Erikson 은 사회적 관계에 초점을 두고 발달 특성에 따라 인간의 일생을 8단계로 나눴는데, 그중 5단계를 청소년 전기라 하였다. 나이는 12~18세에 해당했다.

우리나라의 교육학자 정범모는 청소년기를 '보통 12~14세에 시작하여 연령에 관계없이 결혼과 직업의 책임을 성취할 때까지'라고 보았다. 교육학자 권이종은 대략 9~13세부터 22~24세까지의 연령에 해당하는

  ▨ EBS 교육대기획 학교란 무엇인가

나이라고 하였다.

학자마다 청소년기로 구분한 나이는 달라도 하나같이 청소년기의 가장 중요한 발달과제로 뽑은 것이 있다. 바로 '자아정체감의 확립'이었다. 자아정체감이란 자기존재, 위치, 능력, 역할, 책임 등을 의식하는 것을 말한다. 이 시기 아이들은 부모로부터 심리적 독립을 경험하게 되고, 신체적으로 성숙함에 따라 자기라는 존재에 관심이 고조된다.

에릭슨은 이 시기에 자아정체감을 제대로 형성하지 못하면 자신에 대한 회의와 고민, 혹은 방황을 하게 되어 혼란에 빠지기 쉽다고 보았다. 이 시기에 자아정체감을 형성하지 못하면 성인기의 모든 생활을 건강하게 해나가는 것을 방해한다. 겉모습은 멀쩡한 성인이지만, 영원한 아이가 될 수도 있다.

이때 가장 중요한 역할을 하는 것은 교사나 부모가 아니라 바로 또래집단이다. 아이들은 또래집단 속에서 스스로 자아 정체성을 찾고 여러 문제들을 해결해나간다. 다른 학교는 몰라도 최소한 이우학교의 아이들은 청소년기의 발달과제를 해내는 데 조금은 유리해 보였다.

대부분의 학교에서 아이들은 나의 색깔을 보여주지도 못하고, 나의 생각을 말하지도 못하고, 나답게 살지 못한다. 학교의 색깔대로, 부모의 생각대로, 대학에 '합격해야 하는 학생'답게 살고 있다. 이우학교의 아이들은 또래집단 속에서 의견을 나누고 협동하고 경쟁하는 법을 배우며 순조롭게 나를 찾아가는 듯 했다.

세간으로부터 이우학교를 더 주목하게 만들었던 1기 졸업생 김정현. 정현이는 이우학교를 나와 서울대학교에 진학했다는 이유만으로 꽤 유명세를 탔었다. 자신이 이우학교에 다니게 된 이유를 이렇게 말했다.

:   "학교를 다니면서도 내가 할 수 있는 선택의 폭이 그렇게 넓지 않다
는 것에 답답할 때가 있었어요. 부딪히고 실패하는 과정 자체가 결국
많은 것을 배우는 것이잖아요. 저는 그것 때문에 이우학교에 오지 않
았나 하는 생각이 들어요."

이우학교의 졸업생이 후배를 찾아왔다.

1학년 3반에 정현이가 찾아왔다. 작은 학교라 아이들도 모두 정현이를 잘 알고 있었다. 정현이는 종종 후배들을 만나러 이우학교에 온다. 이우의 졸업생들은 후배들에게 대학 애기보다 자신이 보낸 이우학교에서의 학창시절 이야기를 해주기 위해서 많이들 찾아온다. 이우학교에서 얻은 열정이 지금의 자신을 만들었다는 것을 알기 때문이다. 정현이는 1학년 3반 아이들에게 자신이 서울대학교를 갈 수 있었던 것은 이우학교에서 얻은 자신감 때문이었다고 말한다.

:   "처음부터 '서울대에 가야겠다'고 마음먹은 건 아니에요. 그건 단지
학교를 열심히 다닌 결과예요. 학교를 다니면서 공부만 열심히 해서
생긴 결과가 아니라, 이런저런 생각 않고 제가 하고 싶은 활동을 열심
히 한 결과예요. 그렇게 했더니 나중에 선택의 순간이 왔을 때, 자신
감 있게 결정할 수 있었어요."

 ■ EBS 교육대기획 학교란 무엇인가

이우학교 졸업생들은 말한다. 이우학교에 다니는 동안이 가장 행복했었다고. 학교를 벗어나야 비로소 웃음을 찾는 아이들과는 정반대다. 그들은 이우학교가 자신도 모르는 자신의 열정을 찾게 해주었다고 고백한다. 한 아이는 교무실 앞 졸업생의 한마디를 적는 아크릴 판에 이우학교에서의 3년을 이렇게 적어놓았다.

"짐승 같던 내 삶에 나를 사람으로 대하고 사람으로 만들어준 이곳에 사랑을 남깁니다."

졸업생이 남긴 한 줄에는 '학교란 무엇인가'에 대한 답이 있었다.

150km 행군에서 터득한 것

그렇다면 이우학교 아이들은 아무 문제도 일으키지 않을까? 학교가 학생을 존중하고, 모든 수업의 주체가 학생이고, 학생이 성적이나 등수로 평가받지 않는다면, 아이들은 아무 문제도 일으키지 않을까?

그렇지는 않다. 청소년기는 밖으로 튀어나가고, 권위나 규범에 반항하도록 유전자에 프로그래밍 된 시기다. 아무리 정성을 다해도 몇 명의 아이들은 한 때 방황하고 혼란을 겪고 실수를 할 수 있다. 오죽하면 질풍노도의 시기라고 했을까?

1학년 3반의 은수도 예외는 아니었다. 2010년 6월의 어느 날, 수업에 들어가지 않고 다른 반 교실에서 친구와 이야기하고 있는 은수를 발견했다. "은수야. 너희 수업 안 들어가고 뭐해?"라고 말하자, 은수는 "아, 찍지 마세요"하면서 교실을 나가버렸다. 평소의 장난기 많고 유순한 은수가 아니었다. 무슨 일이 있는 듯했다.

은수는 몇 명의 아이들과 함께 교장실로 들어갔다. 아이들이 교장실로 불려가는 것은 이우학교에선 일 년에 한두 번 있을까 말까 하는 일이었다. 교장선생님 표정은 다소 심각해 보였다.

은수와 다른 학생들은 하얀 종이에 무언가 열심히 적고 있었다. 다름 아닌 사유서였다. 그런데 그 사유가 좀 셌다. 은수를 비롯한 아이들 5명이 인근학교 아이들 돈을 빼앗은 것이었다.

사유서를 쓰고 나온 은수와 도훈이에게 선생님이 무슨 말씀을 하셨는지 물었다. 은수가 대답했다. "어떤 징계를 받을지 생각해보라고 하셨어요." 도훈이의 대답은 좀 의외였다. 도훈이는 1학년 4반이다. "전 좀 이해가 되지 않아요. 제 사생활이잖아요. 피해자랑 합의까지 봤고 다 끝난 상황인데 이렇게까지 하는 것은 제 사생활을 침해하는 것이 아닌가 하는 생각이 들어요. 학교가 선을 좀 넘지 않았나 싶기도 해요." 조금은 적반하장이다.

이런 문제가 생기면 징계의 수위를 결정하고 그 뒷감당을 하는 것은 선생님들 몫이다. 1학년 교무실에는 교감선생님 주재 하에 징계방법에 대한 긴 회의가 이어졌다. 결국 중징계가 내려졌다. 이우학교는 이런 경우 처벌보다는 원인을 살펴보고 아이들이 스스로 성찰할 수 있는 기회를 주는 것을 원칙으로 한다.

은수, 도훈 외 3명의 학생들에게 내려진 자기 성찰의 기회는 텐트와 배낭을 메고 하루 30km씩 5일 동안 걷는 것이었다. 걷는 동안은 침묵해야 했다. 이우학교에서는 이것을 '도보 수행'이라고 불렀다. 이우학교만의 특별한 학생 선도방법의 하나로, 하루 30km씩 5일 동안 침묵하면서 걷는 수행이었다. 선생님도 동행했다.

도보 수행을 떠난 첫날, 아이들은 다소 심하다, 억울하다는 기색이 역력했다. 아스팔트가 달아오르는 초여름, 아이들은 제 덩치의 반 정도 되는 텐트와 배낭을 메고 걸었다. 다리도 아프고, 어깨도 아프고, 땀도 비 오듯이 흐른다. 징계가 너무 과하다는 생각이 도훈이의 머릿속을 떠나지 않았다.

얼마간 걸었을 때 한 아이가 다리가 쥐가 나서 더 이상 못 걷겠다고 길가에 드러누웠다. 도훈이는 수행교사에게 발바닥을 보여주며 티눈 때문에 죽을 것 같다고 말했다. 또 다른 아이는 어기적어기적 한 발짝씩 걸으며 신음소리를 냈다. 수행교사는 일단 아이들의 엄살을 다 들어주었다.

하지만 그래도 가야 한다고 단호하게 말했다. "그것 때문에 사람은 안 죽어. 발바닥이 아프고 발가락이 아파도 해야 돼. 오래 걸으니까 당연히 아프지. 너희들은 잘못을 책임지러 온 거야. 무릎이 아프거나 못 걷거나 이런 것 아니면 아프단 얘기 하지 마." 교사의 말이 끝나고 다시 행군이 시작되었다. 과연 5명의 아이들이 해낼 수 있을까?

도보 수행 2일째. 꼬박 30km를 걷자 아이들은 입을 다물었다. 어제의 행군으로 얼굴이며 팔이 빨갛게 익었다. 어깨는 끊어질 것 같았다. 하지만 더 이상 어떤 아이도 불평불만을 하지 않았다. 이를 악물고 묵묵히 걸을 뿐이었다. 붕대를 감은 채 걷고 있는 선생님을 보니 아이들은 더 할 말이 없었다.

1시간 정도 행군한 후 잠깐의 쉬는 시간, 아이들은 애물단지 같은 텐트 때문에 다투기 시작했다. 텐트를 메고 가는 아이가 다른 아이에게 화를 냈다. 이기적이라고 쏘아붙였다.

하지만 텐트를 메지 않은 아이는 자신도 짐을 들었으며, 텐트를 고른 사람이 잘못이니 끝까지 책임을 지라고 맞받아쳤다. 아이들은 티격태격 서로 책임을 지라고 언성을 높였다. 급기야 "네가 언제 한 번 끝까지 책임진 적 있냐!"며 심한 말까지 해버렸다.

사실 '끝까지 책임지는 것'. 지금 아이들은 그 숙제를 하는 중이었다. 갑자기 조용해진 아이들, 텐트의 무게가 아니라 화풀이할 대상을 찾고 있었다는 것을 깨달았다.

도보 수행 4일째. 이제 아이들은 너무 힘들어하는 친구를 뒤에서 밀어주고 앞에서 끌어주며 행군을 계속했다. 그런데 도훈이가 계속 배를 움켜잡고 걸었다. 선생님은 조용히 도훈이의 배낭을 벗겨 자신의 배낭

위에 얹었다. 하지만 도훈이는 계속 배가 아픈 듯 가슴을 쓸어내리며 비틀비틀 걸었다. 선생님은 도훈이를 바닥에 눕힌 후, 신발을 벗기고 팔 다리를 주물렀다. 밤새 춥다더니 몸살에 감기까지 겹친 모양이었다.

아이들의 도보 행군이 이어졌다.

선생님이 팔 다리를 주물러주는 사이 도훈이는 잠시 잠이 들었다. 선생님은 고민에 빠졌다. 여기서 멈춰야 할지, 계속 걷게 해야 할지, 어느 쪽이 도훈이를 돕는 길인지 판단하기 어려웠다. 얼마나 지났을까? 선생님의 이런 마음이 전해졌는지, 도훈이가 다시 걷겠다고 툭툭 털고 일어났다. 힘없이 터덜터덜 걸었지만, 도훈이는 친구들의 행렬을 꾸준히 쫓아갔다. 그 뒤를 도훈이의 배낭까지 맨 선생님이 따라갔다.

도보 수행 5일째. 드디어 마지막 목적지인 강원도 주문진에 도착했다. 아이들은 눈앞에 펼쳐진 바다를 넋 놓고 바라봤다. 아이들은 배낭의 무게도 잊은 채, 밀려오는 파도와 장난을 쳤다. 비록 징계였지만 한 명의 낙오자 없이 목적지에 도착했다. 선생님이 여기서부터는 짐을 벗고 걷게 했다. 자신을 돌아보라는 의미였다. 아이들은 한참을 생각에 잠겨 해안가를 걸었다.

마지막 날 밤, 아이들은 쪼르르 엎드려서 혼자 걸으면서 생각한 것을 몇 장의 종이에 정리했다. 작은 글자들이 빼곡하게 종이 한 장을 가득 채우고도 다음 장으로 이어졌다. 아이들의 모습은 그 어떤 때보다 진지

해 보였다. 자신의 잘못이나 허물을 마주본다는 것은 사실 어른들에게
도 쉬운 일은 아니다.

아이들은 5일 도보 수행을 하면서 설명할 수 없는 많은 깨달음이 밀
려오는 것을 느꼈다. 도보 수행을 끝내는 밤, 아이들은 한층 안정되고
편안해 보였다. 폭풍이 몰려오는 듯 요동치던 마음은 이제 잔잔한 호수
가 되어 있었다. 제작진은 미소를 머금은 아이들의 표정에서 한 뼘 더
자란 아이들의 마음을 느낄 수 있었다.

| 도보 수행 이후 변화된 아이들 |

"도보 수행 떠나기 전에 했던 생각이랑 도보 수행이 끝날 때 즈음의 제 모습
이 비교가 돼요. 처음에는 모든 상황이 마음에 들지 않고 억울했는데, 지금
은 친구들이나 선생님에 대한 고마움이 새록새록 떠올라요." 사고는 쳤지만
그것은 사생활일 뿐 징계는 과하다고 생각했던 도훈이의 말이다.

"도보 수행, 솔직히 너무 힘들었어요. 하는 내내 힘들다는 생각밖에 들지 않
았어요. 그런데 아까 바닷가를 혼자 걸으면서 '내가 그때 왜 그런 짓을 했

   ■ EBS 교육대기획 학교란 무엇인가

나'라는 생각이 들었어요. 후회가 됐어요. 이번 일을 계기로 제가 변할 수 있었으면 좋겠어요." 은수의 소감이다.

텐트를 가지고 친구와 험악한 분위기를 만들었던 희태는 도보 수행을 마치며 수행교사에게 고백할 말이 있다고 했다. "저는 도보 수행 오기 전까지만 해도, 진짜 세상에서 가장 싫어하는 사람이 선생님이었어요. 선생님이 학교에서 말 걸면 다 시비 거는 것처럼 들리고, 장난을 치셔도 저를 엄청 싫어해서 그러는 것 같았거든요. 그런데 지금은 수학 선생님만큼 좋아요."

선생님은 기분 좋게 웃으면서 아이들과 이런 저런 이야기를 나눴다. 선생님 웃음 뒤에는 선생 노릇을 하는 참 재미가 보였다. 만만해 보이지만 알고 보면 단단한 권위, 선생님은 오늘 그런 권위를 얻었다. 버지니아 울프는 교사의 역할에 대해서 이렇게 말했다.

"교사의 첫 번째 임무는 수업이 끝난 뒤 학생들이 노트 갈피에 살짝 끼워 오랫동안 간직할 수 있는 순수하고 진실한 가치를 건네주는 것이다."

도보 수행을 함께 한 선생님은 오늘 그 가치를 5명의 아이들에게 제대로 전해준 듯싶었다.

아이들은 매일매일 자란다

이우학교 1학년은 해마다 한 편의 연극을 올려야 한다. 이것은 이우 고등학교 1학년의 음악, 미술 통합 수업으로 협동심과 표현방법을 키워 주기 위한 수업이다. 전통이 된 연극제의 이름은 '한여름 밤의 꿈'. 한 반 아이들이 한 팀이 되어 하나의 연극을 올려야 한다. 연기에서부터 연출, 대본, 소품, 미술이나 음향까지 모두 아이들이 직접 해야 한다.

연극준비는 대본 창작부터 시작된다. 반 아이들이 모두 참여하여 어떤 소재를 정할 것인지를 서로 이야기하고, 몇 개의 이야깃거리가 나오면 그중 한 개를 투표로 정한다. 소재가 정해지면 아이들은 치열한 브레인스토밍을 통해서 다시 스토리를 정한다.

이야기의 스토리가 정해지고 본격적인 대본 작업이 시작되면 이제는 팀별로 나눠서 연습을 하게 된다. 20명의 아이들은 연기팀, 대본팀, 음향팀, 미술팀으로 나눠지는데, 최초 이야기의 제안자가 연출을 맡게 된다.

| 이우고등학교의 통합 수업 : 연극제 '한여름 밤의 꿈' |

2010년 6월이 거의 다 지나고 7월이 되어갈 무렵, 1학년 3반도 한창 '한여름 밤의 꿈'을 준비 중이었다. 아이들이 정한 이야기는 가방을 둘러싼 시골 마을의 미스터리 코믹 심리극이다. 대본팀인 우석이가 간단하게 연극의 스토리에 대해서 설명해 주었다.

"작품제목은 '컴백Come Bag'이에요. 시골 마을에서 발견된 정체불명의 가방, 그것을 서로 차지하기 위해 싸우는 사람들의 모습을 통해 현대인의 허구를 보여줄 예정이에요." 연극 연습을 하는 3반 아이들의 모습을 지켜보았다. 대본을 완벽하게 외우지 못한 승태는 연출을 맡은 지현이에게 바로 지적을 받았다. "대본 미흡하게 외운 사람 다 외워야 돼요. 앞에 지문, 뒤에 지문, 옆 사람들 상황, 자기 대사까지 다 외워야 해요." 연극을 준비할 때 연출자 는 종종 선생님보다 훨씬 더 큰 권위를 갖는다.

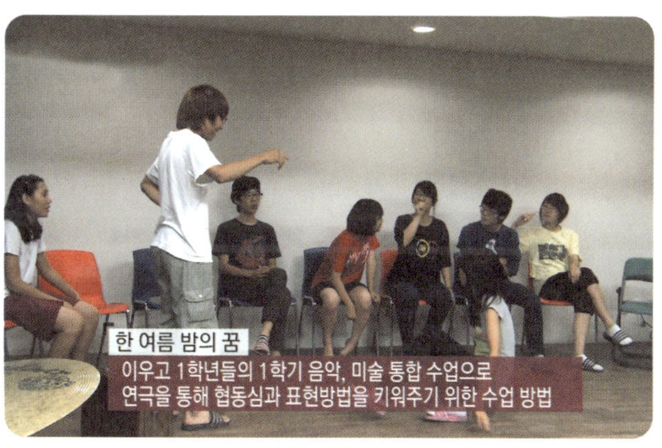

선생님이 이런저런 조언을 해주기는 하지만 최종 결정은 연출자에게 맡긴다. 그렇다고 연출자 혼자 모든 것을 좌지우지하는 것은 아니다. 연출자는 각 팀과 충분한 상의를 거쳐 결정된 최종 의견대로 1학년 3반 이라는 한 팀을 이끌어 나갈 뿐이다.

20명의 아이들이 한 팀이 되어서 진행되다 보니, 한 모둠이 겨우 4명 이던 수업보다 의견대립이 더 자주 발생했다. 은지와 소연이는 무대에 소품의 위치를 정하면서 목소리를 높이게 되었다. 무대에서 춤을 출 때 시작 위치를 어떻게 할 것인지, 파티션을 조금 더 안쪽에 놓을 것인지 뒤쪽에 놓을 것인지에 대해 의견 충돌이 있었다.

토론을 하며 싸우는 과정도 배움의 하나이다.

조근조근 자신의 의견을 말하는 은지와 달리, 소연이는 자신의 의견을 강력하게 전했다. 은지는 답답한지 손을 이마로 가져가며 한숨을 쉬었다. 두 아이의 싸움이 길어지자 한 아이는 마룻바닥에 털썩 주저앉아버리고, 다른 아이는 대본을 집어던져버렸다. 아직 어린 17살, 이 아이들에게 모두가 만족할 수 있는 무대를 만들기란 쉽지 않은 일일 것이다. 하지만 담당 교사는 이런 과정이 모두 교육이라고 말한다.

"싸우는 과정에서 서로 이해하기도 하고, 이런 상황에서 화합이나 협동을 과연 어떤 방법으로 모색해야 하나 고민도 하게 되지요. 그런데 생각보다 아이들이 그 방법을 단기간에 깨달아요. 연극제의 최우선적인 교육 목표는 그 과정입니다."

연극제가 일주일 앞으로 다가왔다. 이제부터는 체력전이었다. 밤을 새며 연습을 강행하고 있는 1학년 3반 아이들은 이제 틈만 나면 의자에서 잠을 청했다. 누구도 충분히 잠을 자지 못했다. 몸이 피곤하니 다들 날이 서 있었다. 이번에는 연습을 하자고 채근하는 아이와 반쯤 옆으로 누워서 "그래 하자"고 말한 아이가 부딪혔다. 싸움에 불이 붙자 의상까지 다 준비한 아이는 화가 나는지 연습실 밖으로 문을 쾅 닫고 나가버렸다. 그렇게 공연 하루 전이 되었다. 연출자인 지현이가 반 아이들을 모두 모아놓고 말을 꺼냈다.

"애들아, 힘들고 지치는 것 알아. 하지만 너희들이 지치면 보는 사람들도 다 알아. '아, 나 진짜 힘들어 죽겠어'라고 얘기하고 싶겠지만, 이제 하루 남았어. 우리 하루만 서로에게 최대한 힘든 기색 보이지 않도록 하자. 어때? 진짜 하루만."

아이들은 심각한 표정으로 이야기를 듣더니 마음을 다잡는 듯 했다. 여기서 주저앉을 수는 없었다. '한여름 밤의 꿈'의 기대주, 아이들은 다시 파이팅을 외치며 힘을 내 보았다.

드디어 연극제가 시작되었다. 2010년 7월 9일, 아이들은 분당의 정자 청소년수련관에 모였다. 건물 앞에는 '제6회 이우연극제 – 이우고등학교 1학년의 신비롭고 흥미진진한 이야기' 라는 현수막이 걸렸다.

아이들은 학교가 아니라 외부 공연장에서 발표한다는 것만으로도 적잖이 긴장했다. 공연장에 와서도 모든 막바지 연습이 한창이었다. 분장을 한 얼굴이나 율동을 맞춰 보는 모양이 다들 만만치 않아 보였다.

공연장의 객석은 금세 만석이 되었다. 관객은 다른 학년의 선배, 선생님, 부모님, 외부에서 소식을 듣고 온 사람들이었다. 연극제가 시작되자 한 반씩 순서대로 공연을 시작했다. 관객들은 연극에 취해 다들 즐거운 표정. 하지만 다음 차례를 기다리는 3반 아이들은 긴장 때문에 심장이 터질 것만 같았다.

그런데 3반의 차례가 되자 공연장에 문제가 생겼다. 무선 마이크 하

드디어 아우학교의 연극수업인 '한여름 밤의 꿈' 공연의 막이 올랐다.

나가 고장 난 것이다. 조정실에서는 급하게 이 소식을 전했고, 3반 아이들은 무대 등장 3분을 남겨놓고 급하게 동선을 바꿔야 했다.

마이크가 부족하니 공연 내내 배우들은 이어달리기를 해야 했다. 중간에 꺼져야 할 조명이 한참을 켜져 있는 등 한두 가지의 실수도 발생했다. 하지만 무사히 위기를 넘기고 공연을 성공적으로 마칠 수 있었다.

공연이 끝나자 객석에서는 박수소리가 끊이질 않았다. 연출자인 지현이는 무대를 내려오며 반 아이들에게 "야, 완전 잘했어. 대박. 너희들 최고였어!"라고 칭찬했다. 아이들 스스로도 만족스럽고 대견해했다.

도보 수행까지 갔었던 은수는 벅차오르는 감동이 있었는지 반 친구 모두를 향해서 "너희들한테 너무 고맙다. 진짜로 너희들 모두 너무 잘했어"라고 크게 외치며 환호성을 질렀다. 다들 해냈다는 성취감에 기뻐서 어쩔 줄 몰랐다. 한 아이는 지금의 심정을 이렇게 말했다.

"다른 것보다 우리가 연습하면서 항상 하던 말이 '이기지 말고 성공하자'였어요. 그런데 지금은 그 성공 이상의 무언가를 받은 것 같아서 너무 좋아요. 3반 정말 최고예요!"

연극이 끝나고 1학기도 끝이 났다. '한여름 밤의 꿈'처럼 어제의 환희는 어느 순간 잊혀질 것이다.

방학이 끝나고 어느덧 가을. 2학기가 되었다. 지난 봄 모내기를 했던 논은 황금빛 들판으로 변했다. 몇 번 와 보지도 못했는데 곡식도 실하게 영글었다. 3반 아이들은 이제 '벼 베기 농사수업'을 했다. 지난 여름 그 뜨거운 땡볕을 이겨낸 알곡들이 고맙기만 했다. 하지만 땡볕을 이겨낸 것은 알곡만이 아니었다. 아이들 모두 키도 자라고 속도 깊어졌다.

2학기에 다시 만난 은수는 지금의 자신을 이렇게 말했다. "항상 길에서 벗어나서 이길 저길, 길이 없는 길로만 가려고 했는데 이제는 제대로 시작점을 찾은 것 같아요." 혜빈이는 "아직 제 자신이 누군지 잘 모르는 것 같아요. 하지만 앞으로 더 커가겠죠"라고 말하면서 웃었다.

3월, 처음 아이들을 만났을 때 그들은 서로의 등을 맞대고 키를 쟀었다. 비슷한 줄 알았는데 친구가 나보다 더 크다는 것을 알자 짜증나는 마음도 있었다. 하지만 10월에 만난 아이들은 이제 더 이상 친구의 키와 자신의 키를 비교하지 않았다. 아이들은 나란히 벽에 서서 서로의 키를 재주고, "와, 너 진짜 많이 컸다"고 칭찬할 줄 알았다.

학교에 와서 아이들은 함께 있어서 빛나는 법을 배웠다. 성장한다는 것은 경쟁하거나 이기는 것이 아니라는 것도 배웠다. 기준은 언제나 지난날의 '나'이다. 그때의 나로부터 얼마나 자랐는지, 얼마나 더 멀리 갈 수 있는지, 아이들은 학교에서 배웠다.

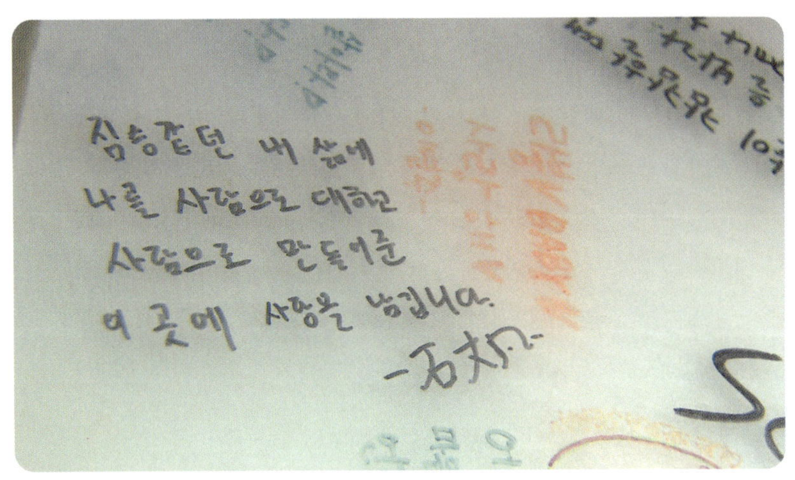

종종 우리들의 학교는 시험으로 아이 자체를 평가한다.

시험성적이 곧 아이의 수준인 양 대한다.

시험 결과에 자신의 행복이 좌우되지 않는 아이들

아이들이 행복한 학교는 분명 존재한다.

Chapter 4

대안학교가 주는 희망,
그리고 우리의 과제

배움 공동체를 찾는 사람들

해마다 10월이 되면 대안학교 입학 설명회를 찾는 부모들이 늘고 있다. 아이가 초등학교나 중학교 졸업을 앞두고 있는 부모들은 한번쯤 '대안학교는 어떨까?' 생각한다. 혹여 주변에서 아이를 대안학교에 보냈다고 하면, 귀를 쫑긋 세우고 정보를 얻으려 한다.

지난 4월 헤럴드공공정책연구원이 리서치 업체와 공동으로 19세 이상 국민 1,000명을 대상으로 대안학교에 대한 인식을 조사했다. 이에 긍정적이라고 대답한 사람이 54.9%, 일장일단이 있다고 대답한 사람이 30.3%, 부정적이라고 대답한 사람은 14.8%였다.

'자녀를 대안학교에 보낼 생각이 있나'라는 질문에는 45.2%의 사람이 '그렇다'고 대답했다. 이전보다 많은 사람들이 대안학교에 관심을

매년 10월에 열리는 대안학교 입학 설명회.

갖고, 아이를 보내고 싶다는 생각을 하고 있었다. 부모들은 왜 아이를 대안학교에 보내고 싶은 것일까?

　　"아이가 부자로 살기보다는 행복하게 살기를 바라요. 스스로 하고 싶은 일을 찾아 즐거운 인생을 사는 사람이 되었으면 합니다."

　　"저는 학교생활이 참 불행했어요. 학교 다니는 내내 대학을 가기 위해서는 이 모든 고통을 견뎌내야 한다는 생각뿐이었지요. 우리 아이에게는 절대 그런 교육을 시키고 싶지 않아요."

　　"아이는 늘 학교가 답답하다고 합니다. 공부를 못 하지는 않지만 학교에 가는 것을 너무 싫어해요. 어차피 다녀야 하는 학교, 즐겁게 다녔으면 좋겠다고 생각해요. 대안학교라면 일반학교보다 우리 아이가 더 즐거운 학창시절을 보낼 수 있을 것이라고 생각해요."

 ■ EBS 교육대기획 학교란 무엇인가

　　“자라면 자랄수록 아이가 하루 중 가장 긴 시간을 보내게 되는 학교,
아이가 학교에 다니면서 행복했으면 좋겠다고 생각해요.”

우리 아이만은 자신들처럼 숨 막히는 학교에서 불행한 청소년기를
보내지 않았으면 하는 바람에서 부모들은 대안학교를 찾는다. 2008년
12월, 한국청소년정책연구원은 〈청소년 성장환경으로서의 대안교육 활
성화연구〉라는 이름으로 연구보고를 진행했다. 전국 대안학교에 다니
는 86명의 청소년을 대상으로 면접조사를 한 결과, ‘학교가 불만족스럽
다’고 답한 아이는 86명 중 단 3명에 불과했다.

만족스러운 이유에 대해서는 스스로 진지하게 고민하고 수준 높은
생각을 할 수 있게 되었고, 자신감이 커진 것, 구성원들 스스로 학교 문
화를 만들어 가는 점, 자유가 있다는 것, 학년 친구들, 선배 후배랑 친한
것, 꿈을 정한 후 공부 한다는 점 등을 뽑았다.

한국청소년정책연구원은 86명의 자아존중감도 조사해 보았는데, 과
반수에 해당하는 55.7%가 자아존중감 수준이 높은 편이었다. 중간그룹
은 28.6%, 하위그룹이 15.7%로 나타났다.

미국의 교육개혁가 존 홀트John Holt는 수백만의 미국인들이 학교를 떠
나서 홈스쿨링을 시작하게 만든 장본인이다. 그는 저서 『학교를 넘어
서』에서 학교는 학생을 적대적인 경쟁관계에 놓이게 하고, 부자와 기득
권자들에게 절대적으로 유리한 환경을 제공하면서 그것을 공평한 것이
라 주장하고, 교사는 학생들에게 어떻게든 다른 사람을 누르고 이기는
방법을 가르치고 있다고 하였다.

또한 학교는 아이들이 자신만의 삶을 살고 자신의 관심사를 추구하

고, 학교 밖에서 학교가 주는 실패나 공포, 지루함을 보상할 수 있는 시
간을 거의 앗아가고 있다고까지 말했다.

학교는 아이의 미래를 앗아가고 있으니, 학교에서 되도록 빨리 탈출
해야 한다는 것이다. 그의 책은 1970년에 나왔고, 그의 주장은 40여 년
전의 것이다. 오늘날 우리의 학교는 다소 과격하게 표현하자면 그보다
나아진 것이 없다. 매년 대안학교를 찾는 학부모들이 늘고 있는 것은 기
존의 학교를 넘어서 좀 더 나은 환경에서 아이를 자라게 하고 싶은 부모
들 마음이 커지고 있기 때문일 것이다.

소수의 성공에 현혹되어선 안 된다

- '도시형 대안학교' ○○학교, 졸업생 80명 중 5명 서울대 진학, 95% 대
  학 진학
- 경주 ◇◇학교 졸업생의 90% 4년제 대학 진학
- 전교생 72명인 경남 산청의 시골학교 □□학교, 모든 학생이 서울대 및
  명문대 진학
- 지리산 △△학교 졸업생 17명 중 15명 대학 진학, 2명 유학

대안학교를 소개하는 기사를 읽다 보면 빠지지 않고 등장하는 말이
있다. 아이들이 자유롭고 즐겁게 학교를 다니면서도 생각보다 좋은 대
학에 잘 가더란 말이다. 이럴 때마다 '서울대'는 몇 명 갔으며 전교생
몇 명 중 4년제 대학을 몇 명 갔다는 이야기가 나온다.

　■ EBS 교육대기획 학교란 무엇인가

그러다보니 요즘에는 대안학교가 입시를 위한 새로운 엘리트 학교로 오해되는 경향도 있다. 게다가 입학사정관제가 생기면서 다양한 스펙을 쌓기 위해서는 일반학교보다 오히려 대안학교가 경쟁력을 높이는 데 유리하다고 생각하는 사람들이 많아지고 있다.

대안학교 설립 초기에는 일반학교에서 부적응 행동을 보이던 아이들이 대안학교를 찾았었다. 이후 입시 위주 교육보다는 개인의 적성과 소질을 발견, 발전시키려는 학생들이 늘었고, 지금은 새로운 입시 방법에 대한 전략으로 대안학교를 찾기도 한다.

하지만 대안학교를 이렇게 이해해서는 곤란하다. 대안학교의 아이들은 성적에 따라 무조건 일류대를 지원하기보다 자신이 하고 싶은 일을 하는 데 도움이 되는 쪽으로 학교를 선택하는 편이다.

어떤 대안학교는 음악이나 패션 같은 예술 계통으로 나가기를 바라는 아이들이 많아 오히려 진학률이 아주 낮은 편이다. 학교는 '네 꿈을 찾아라'고 가르치지, '좋은 대학을 가라'고 지도하지 않기 때문이다. 대안학교로 좋은 대학을 가는 것은 사실 소수이다. 혹여 대안학교를 명문대에 진학시키기 위해 보내려 한다면 그 마음은 접어야 한다.

우리나라의 대안학교는 앞서 말했듯 200여 곳 정도 된다. 그런데 이 중 인가를 받은 곳은 30%밖에 되지 않는다. 인가를 받은 학교는 교육당국에서 학력을 인정해주지만, 인가를 받지 않은 학교는 검정고시를 치러서 상급학교에 진학해야 한다.

2007년 교육인적자원부에서 발간한 『대안교육백서』에 따르면 초등학교 중에는 인가를 받은 학교가 없으며, 중학교는 8곳, 고등학교는 21곳뿐이다. 인가를 받은 대안학교는 '특성화 학교'라고 불린다.

특성화 학교의 교육과정은 일반교과 50~60%, 다양한 체험 중심의 특성화 교과 40~50%로 구성된다. 일반교과는 일반 학교의 기본교과와 선택교과를 말한다. 특성화 교과는 마음공부, 감성 키우기, 인간관계 훈련, 체력증진 등을 위한 노작, 텃밭 가꾸기, 등반, 명상, 예체능 활동과 공예, 요리 생태 탐구 등과 같은 학습자의 자기주도적인 다양한 체험 활동으로 구성된다『청소년 학습이론 및 지도』, 김영인 노경주 공저, 한국방송통신대학교 출판부 p.17 참고.

인가를 받지 않은 대안학교의 경우 일반학교의 기본교과와 선택교과의 비중이 더 줄어들기 때문에 대안학교에 다니는 아이들이 그렇지 않은 아이들에 비해 대학입시 경쟁에서는 불리할 수밖에 없다. 따라서 언론에서 뽑은 자극적인 헤드라인만 믿고 대안학교를 선택하는 일은 없어야 할 것이다.

실제로 한국청소년정책연구원에서 낸 2008년 12월 〈청소년 성장환경으로서의 대안교육 활성화 방안 연구〉에서 대안학교에 다니는 87명의 학생들을 인터뷰 한 내용 중에는 소수지만 입시에 대한 준비에 대해서 어려움을 토로하는 학생들이 있었다.

: "고등학교 와서는 입시공부를 해야 되잖아요. 수능 보는 애들도 많은데 아이들이 거기에 대한 부담감을 많이 느껴요."

: "수업보다는 토론이나 활동이 많다보니, 어떤 애들은 수업을 너무 안해서 문제라고도 해요."

: "일반학교 친구들과 다른 길을 가고 있는데, 잘한 일인지 모르겠어요.

현재는 대안학교가 너무 적기 때문에 대안학교 출신이 대학을 가는 길은 더 어려운 것 같아요."

대안학교, 그들만의 리그가 안 되려면

지금의 대안학교가 일반 학교에 비해 학교교육이 갖는 많은 문제점을 해결하고 있는 것은 사실이다. 그렇다고 그것이 유일한 해답이 될 수는 없다. 대안학교는 아직은 미완성된 대안일 뿐이기 때문이다.

우리나라의 대안학교 역사는 고작 10년. 많은 측면에서 안정적인 대안교육이 펼쳐지고 있다기보다는 실험적인 면이 많다. 대안교육 운동을 주도하는 교육 개혁가들도 그렇고, 교육당국도 마찬가지다.

우리의 모든 아이들이 교육의 대안을 찾기에는 아직 넘어야 할 벽이 많다. 가장 큰 벽은 대안학교의 비용과 학력인증의 문제이다. 대안학교는 인가를 받은 30%를 제외하고는 교육당국의 지원이 전혀 없다. 비인가형인 70%의 대안학교는 부모가 내는 돈으로 학교운영자금을 충당하고 있다. 때문에 수업료, 급식비, 기숙사비 등 모두가 생각보다 비싸다.

인가를 받은 특성화 학교의 경우 수업료가 일반 학교와 비슷하지만 비인가 학교의 경우나 전원형 대안학교의 경우 1인당 연 평균 학생 부담금은 845만 원 정도이다. 입학할 때 기부금과 예탁금을 별도로 내는 학교도 있다. 기부금은 50~1,500만 원, 예탁금은 150~700만 원 수준이다『대안교육백서(2007)』, 교육인적자원부. 이렇다보니 해마다 인가를 받은 특성화 학교의 경쟁률이 높아지고 있다.

한 조사단체의 연구에 따르면, 부모, 학생들이 대안학교에 가는 것을 망설이는 가장 큰 이유가 학력인정이 안 돼 검정고시를 봐야 하는 번거로움 때문이라고 한다. 학력인정 또한 대안교육이 넘어야 할 숙제다.

교육부 관계자들은 사실 현재 대안학교는 교사나 교육시설이 학교 기준에 미치지 않는 곳이 너무나 많다고 말한다. 최소한의 교육 여건도 갖추지 못한 상황에서 좋은 교육철학만 있다고 좋은 학교가 되지는 않는다는 것이다. 교육부의 이런 지적은 기우가 아니라 현실임이 드러나고 있다. 적지 않은 아이들이 대안학교에 다니다 학교에 대한 실망으로 또는 적응하지 못해서 상처를 안고 떠나고 있다.

몇 년 전 비인가 중학교에서는 27명의 아이들이 집단으로 자퇴를 하는 사태까지 벌어졌다. 좋은 평가를 받고 있는 학교들도 있지만, 검증되지 않은 대안학교도 적지 않다. 모든 대안학교가 평균적인 모습을 가지고 있다고 믿어서는 곤란하다.

대안학교를 선택할 때는 신중하고 또 신중해야 한다. 대안학교 전문가들은 아이를 대안학교에 보내려면 적어도 1년 정도는 시간을 두고 살펴봐야 한다고 말한다. 학교에 직접 가보는 것은 물론이고 그 학교에 아이를 보낸 다른 부모들과도 이야기를 충분히 나눠봐야 한다.

아이에게도 반드시 의견을 물어야 한다. 본인의 생각뿐 아니라 아이에게 그 대안학교가 맞을지도 생각해봐야 한다. 사회성에 심각한 문제가 있는 경우, 모둠 활동이나 집단 활동 위주로 이루어지는 대안학교의 교육방식에 적응을 못하는 경우도 종종 있기 때문이다.

대안학교는 '대안'일 뿐 정말 변해야 하는 것은 우리의 공교육이다.

공교육이 입시 위주의 교육정책을 가지고 있는 한 대안학교는 소수의 시도로 끝날 수 있다. 대안학교가 인가를 받고 지원을 받아 더 많은 아이들의 숨통을 트여주기 위해서는, 기존의 교육철학을 포기하고 일정 부분 입시 위주의 교육과정을 받아들여야 하기 때문이다.

이미 많은 대안학교가 초기의 모습을 잃어버리고 일제고사를 받아들인지 오래다. 요행히 대안학교의 교육철학을 잘 지켜나가는 학교가 있더라도 사회 전체가 학력 위주, 경쟁 일색이라면, 대안학교를 나온 아이는 사회에 잘 적응하지 못할 수 있다. 대안학교를 보내본 많은 학부모들은 한번 대안학교를 보내면 다시는 일반학교를 다닐 수 없다고 말한다.

대안학교가 정말 대안이 되려면 가장 어려운 벽이지만 사회 전반의 분위기가 먼저 바뀌어야 한다. 대안학교가 추구하는 교육철학을 대부분의 사람들이 수긍하고, 우리 아이들이 집 가까이에서 갈 수 있는 학교가 그런 교육철학을 가질 수 있을 때, 우리 아이들은 비로소 꿈꾸는 학교를 만날 수 있을 것이다.

2009년 참교육연구소와 교육개혁시민운동연대에서 활동하는 교육운동가, 교사, 교육학자, 언론인, 문학인 등 39명은 '2009년 교육 희망 찾기 북유럽 교육탐방단'을 조직했다. 그리고 핀란드와 스웨덴을 다녀온 후 『핀란드 교육혁명』이라는 책을 냈다. 이 책의 앞머리에는 당시 교육탐방단으로 핀란드 교육을 둘러본 도종환 시인의 '북해를 바라보며 그는 울었다'라는 시가 실려 있다.

아는 걸 다시 배우는 게 아니라
모르는 걸 배우는 게 공부이며

열의의 속도는 아이마다 다르므로

배워야 할 목표도 책상마다 다르고

아이들의 속도가 생각보다 빠르거나 늦으면

학습목표를 개인별로 다시 정하는 나라

변성기가 오기 전까지는 시험도 없고

잘했어, 아주 잘했어, 아주아주 잘했어

이 세 가지 평가밖에 없는 나라

친구는 내가 싸워 이겨야 할 사람이 아니라

서로 협력해서 과제를 함께 해결해야 할 멘토이고

경쟁은 내가 어제의 나하고 하는 거라고 믿는 나라

나라에서는 뒤지는 아이가 생기지 않게 하는 게

교육이 해야 할 가장 큰일이라고 믿으며

공부하는 시간은 우리 절반도 안 되는데

세계에서 가장 공부 잘하는 학생들을 보며

그는 입꼬리 한쪽이 위로 올라가곤 했다

– 도종환, 북해를 바라보며

선생님은 아이들에게 줄 수 있는 게 많아서

눈빛 하나, 말 하나로도 꿈을 줄 수 있어서

선생님이어서 항상 가슴이 먹먹합니다.

대안학교, 이것만이 교육의 정답일까

대안학교를 보내기로 마음먹었다. 과연 어떤 학교가 우리 아이에게 가장 적합할까? 인가받은 대안학교를 지역별로 만나보자. 인가받은 학교는 학력이 인정되므로 상급학교로 진학하거나 대학 입시를 준비하는 데 상대적으로 지장을 덜 받는 편이다. 하지만 교육과정 프로그램의 차이에 따라 학비는 천차만별이므로 꼼꼼하게 살펴보고 결정한다.

1. 대안학교의 정원과 경쟁률

대안학교는 작은 학교를 지향하기 때문에 한 학교당 신입생을 20~60명밖에 뽑지 않는다. 때문에 경쟁률이 생각보다 치열하다. 인가 학교는 학력 인정이 되고 비인가 학교에 비해 학비 부담이 적어 더욱 그렇다. 하지만 이렇게 어렵게 들어간 대안학교도 부모의 교육관이나 아이의 기질과 맞지 않아 그만두는 경우도 많다. 대안학교에 가려면 아이와 직접 학교를 둘러보면서 최소한 1년 이상 가족이 모두 심사숙고해서 결정해야 한다. 졸업 후 진로에 대해서도 미리 고민해보는 것이 좋으며, 최종적으로 아이의 의지에 따라 결정한다.

2. 대안학교의 입학 전형

보통 1차 서류전형, 2차 면접으로 이루어진다. 1차 서류전형에는 생활기록부, 학생 자기소개서, 학부모 자기소개서, 담임교사 추천서 등이 필요하다. 1차 서류전형이 통과하면 2차 전형은 면접으로 이루어진다. 이때 1박 2일 일정으로 학부모와 함께 캠프를 떠나기도 하는 등, 학부모 면담이 생각보다 심도 깊게 진행될 수 있다. 보통 9~10월 사이 입학 설명회를 하고, 빠르면 9월 원서 교부를 하고, 10월 접수를 한다. 발표는 11월이면 끝난다.

일정이 늦은 학교는 11월 초에 원서교부와 접수를 받고 12월에 발표하기도 한다. 따라서 대안학교를 보낼 것이라면 여름방학 때부터 미리 준비를 해두는 것이 좋다. 또한 아이뿐 아니라 부모도 '왜 대안학교를 보내려 하는지, 나의 교육관은 무엇인지' 등을 미리 생각해 두도록 한다.

3. 대안학교 정보를 얻을 수 있는 곳

비인가 대안학교나 초등 대안학교 등 더 많은 정보가 궁금하다면 다음의 몇 곳을 추천한다.

- **대안교육학부모연대**(cafe.daum.net/mfcomm)

  대안학교나 교육에 대해서 고민하는 학부모들을 만나보고 싶다면 이곳을 방문해 보자.

- **서울시대안교육센터** (http://seoulallnet.org, 02-2675-1319)

  전국의 인가 또는 비인가 대안학교에 대해서 두루두루 알아보고 싶다면 서울시에서 운영하는 대안교육센터 홈페이지가 요긴하다. 특히 발간물 중 『대안교육백서』를 보면 우리나라 대안교육의 현황에 대해 폭넓게 이해할 수 있다.

- **대안교육연대**(www.psae.or.kr, 02-322-0190)

  비인가 대안학교 연대체에 대한 정보를 얻을 수 있다.

- **도서출판 민들레**(www.mindle.org, 02-322-1603)

  대안교육 전문지를 발행한다.

특성화 학교는 인가를 받은 대안학교를 이르는 또 다른 말이다. 아래 소개된 내용은 정부에서 학력을 인증하는 인가받은 학교의 목록이다. 대개 대안학교, 특성화 학교는 자연친화적인 교육 방식을 취하고 있어서 도심보다는 외곽이나 지방에 위치한 곳이 많다. 종교단체에서 운영하는 학교도 있는 만큼, 잘 살펴보는 것이 좋다.

경기도

※각 학교의 정보는 2011년 8월 기준

학교명	설립 주체	학생 수	학비	위치 및 연락처
두레 자연중 (2004)	수곡두레 학원	학년별 1개 학급 정원 20명	기숙사 : 월 29만 원 현장교육 : 학기당 25~30만 원 해외이동수업 : 연 1백만 원	화성시 우정읍 화산7리 692-11 (www.doorae.ms.kr, 031-358-8773)
헌산중 (2003)	원불교	학년별 2개 학급 정원 20명	기숙사 : 월 13만원 방과 후 수업 : 학기당 약 20만 원	용인시 원삼면 사암리 883-1 (www.heonsan.ms.kr, 031-334-4004)
이우중 (2003)	이우교육 공동체	학년별 3개 학급 정원 20명	무료	성남시 분당구 동원동 산13-1 (www.2woo.net, 031-711-9295)

전라도

학교명	설립 주체	학생 수	학비	위치 및 연락처
지평선중 (2003)	원불교	학년별 2개 학급 정원 20명	기숙사 : 월 40만 원 방과 후 활동 : 학기당 약 40만 원	전북 김제시 성덕면 묘라리 99-1 (www.jipyeongseon.kr, 063-544-3131)
전북 동화중 (2010)	공립	학년별 2개 학급 정원 20명	무료	전북 정읍시 태인면 정읍북로 1238 (www.jbdonghwa.ms.kr, 063-530-2601)
성지 송학중 (2002)	학교법인 영산성지 학원	학년별 2개 학급 정원 20명	기숙사 : 월 13만4천 원 방과 후 활동 : 월 4만6천 원 해외이동수업(2, 3학년) : 연 1백30만 원 정도	성남시 분당구 동원동 산13-1 (www.2woo.net, 031-711-9295)
용정중 (2003)	학교법인 보성학원	학년별 2개 학급 정원 22명	기숙사 및 급식 : 월 35만 원 특기적성 및 특성화 교육 : 월 11만 원 해외이동수업 : 연 1백20만 원	전남 보성면 미력면 용정리 186 (www.yongjeong.ms.kr, 061-852-9603)

강원도

학교명	설립 주체	학생 수	학비	위치 및 연락처
팔렬중 (2010)	학교법인	학년별 1개 학급	기숙사 : 월 26만 원	천군 내촌면 물걸리 252 (www.pallyeol.com, 033-435-6322)

■특성화 고등학교

경기도

학교명	설립 주체	학생 수	학비	위치 및 연락처
두레 자연고 (1999)	수곡두레 학원	학년별 1개 학급 정원 20명	일반학교와 동일 기숙사 : 월 36만8천 원 체험학습+수업재료 : 학기당 30만 원 해외이동수업 : 연 1백40만 원 정도	화성시 우정읍 화산7리 692-11 (www.doorae.ms.kr, 031-358-8773)
이우고 (2003)	이우교육 공동체	학년별 4개 학급 정원 20명	일반학교와 동일	성남시 분당구 동원동 산13-1 (www.2woo.net, 031-711-9295)

인천

학교명	설립 주체	학생 수	학비	위치 및 연락처
산마을고 (2000)	학교법인 복음학원	학년별 1개 학급 정원 20명	일반학교와 비슷 현장학습 : 학기별 30만 원 정도 방과 후 학습 : 분기당 약 20만 원 정도	강화군 하점면 부근리 222-3 (www.sanmaeul.org, 032-937-9801)

강원도

학교명	설립 주체	학생 수	학비	위치 및 연락처
전인고 (2005)	전인교육 실천연대	학년별 1개 학급 정원 20명	수업료+기숙사+현장 학습 외 : 월 130만 원 정도	춘천시 동산면 원창1리 923-1 (www.jeonin.hs.kr, 033-262-3449)
팔렬고 (2006)	학교법인 이화학원	학년별 1개 학급 정원 20명	수업료 : 분기당 16만2천900원 기숙사 : 월 26만 원 정도	홍천군 내촌면 물걸리 252 (www.pallyeol.com, 033-435-6324)

충청도

학교명	설립 주체	학생 수	학비	위치 및 연락처
양업고 (1998)	학교법인 청주가톨릭 학원	학년별 2개 학급 정원 20명	농어촌지역 고등학교와 동일	충북 청원군 옥산면 환희길 277 (www.yangeob.hs.kr, 043-260-5076)
한마음고 (1999)	한마음 교육문화 재단	학년별 2개 학급 정원 20명	수업료 : 분기당 51만 원 기숙사 : 월 33만 원	충남 천안시 동면 장송리 418-1 (www.hanmaeun.hs.kr, 041-567-5525)
공동체 비전고 (1999)	선천 공동체	학년별 2개 학급 정원 20명	수업료 : 분기당 45만 원 운영회 : 분기당 6만 원 기숙사 : 월 8만9천 원 방과 후 & 특기적성수업 : 학기당 30만 원 정도	충남 서천군 태월리 75-1 (vision.hs.kr, 041-953-6292~3)

광주

학교명	설립 주체	학생 수	학비	위치 및 연락처
동명고 (1999)	광주 동명교회	학년별 3개 학급 학급 정원 20명	일반학교와 동일 멘토링 생활관 : 월 25만 원 정도	광산구 서봉동 518 (www.kdm.hs.kr, 062-943-2855~7)

전라도

학교명	설립 주체	학생 수	학비	위치 및 연락처
세인고 (1999)	주사랑 목양회	학년별 3개 학급 정원 20명	수업료 : 분기당 30만 원 정도 기숙사 : 월 30만 원 정도	전북 완주군 화산면 운산리 110-1 (www.seine.hs.kr, 063-261-0077)
푸른꿈고 (1999)	전·현직 교사와 시민	학년별 2개 학급 정원 20명	수업료 : 분기당 22만5백 원 운영지원비 : 분기당 5만4천6백 원 특성화교과 : 분기당 15만 원 기숙사 : 월 14만5천 원	전북 무주군 안성면 진도리 865 (www.purunkum.hs.kr, 063-323-2258)
영산 성지고 (1999)	영산성지 학원	학년별 2개 학급 정원 20명	일반학교와 비슷 기숙사 : 월 30만 원 각종 체험학습 : 학기당 30만 원 정도	전남 영광군 백수읍 길용리 77 (www.yssj.hs.kr, 061-352-6351)
한빛고 (1999)	시민의 자발적 기금모금	학년별 3개 학급 정원 25명	학비 및 생활관비 : 월 40만 원 내외	전남 담양군 대전면 행성리 11 (www.hanbitschool.net, 061-383-8340)

부산

학교명	설립 주체	학생 수	학비	위치 및 연락처
지구촌고 (2002)	학교법인 복음학원	학년별 1개 학급 정원 30명	수업료+운영지원비 : 분기당 95만 원 정도 특성화 교과비 : 분기당18만 원 정도 기숙사 : 월 30~35만 원 정도	연제구 거제1동 51 (www.glovillhigh.hs.kr, 051-590-2107)

대구

학교명	설립 주체	학생 수	학비	위치 및 연락처
달구벌고 (2003)	덕성 장학회	학년별 2개 학급 정원 20명	일반학교와 비슷	동구 덕곡동 75-5 (www.dalgus.net, 053-981-1318)

경상도

학교명	설립 주체	학생 수	학비	위치 및 연락처
경주 화랑고 (1998)	원불교 대구·경북 교구	학년별 2개 학급 정원 20명	수업료 : 분기당 19만9천5백 원 학교운영지원비 : 분기당11만4천9백 원 기숙사 : 분기당 27만7천8백 원 특성화비 : 분기당 18만 원	경북 경주시 양북면 장항리 333 (www.hwarang.hs.kr, 054-771-2355)
간디학교 (1998)	학교법인 녹색학원	학년별 2개 학급 정원 20명	일반학교와 동일 기숙사 : 월 38만 원 정도	경남 산청군 신안면 외송리 122 (www.gandhischool.net, 055-973-1049)
원경고 (1998)	원불교 경남교구	학년별 2개 학급 정원 20명	일반학교와 비슷 기숙사 : 월 31만 원 체험학습 : 학기당 20만 원	경남 합천군 적중면 황정리 292 (www.wonkyung.hs.kr, 055-932-2019)
지리산고 (2004)	부산, 경남 지역 교사	한 학년 20명 담임교사 3명	무료	경남 산청군 단성면 호리 523 (www.jirisan.hs.kr, 055-973-9723)
태봉고 (2010)	공립	학년별 3개 학급 정원 15명	일반 공립학교와 동일 기숙사비 무료 ※경상남도 거주자에 한해 입학 가능	경남 창원시 마산합포구 진동면 태봉리 태봉1길 87-32 (www.taebong.hs.kr, 055-271-1348~9)

"학교의 역할과
학교가 나아갈 방향"

Part 5

교육적
상상력이
필요하다

'학교는 제가 가장 좋아했던 공간입니다'
'학교를 다닌 것은 저에게는 행운이었습니다'

우리가, 우리의 아이가, 나중에 어른이 되었을 때
학교를 이렇게 추억할 수 있다면 얼마나 행복할까요?

학업 성취도를 높이는 것, 어른들이 생각하는 교육적 책임입니다.
아이들을 풀어주면 공부와 담을 쌓을 것 같은 두려움도 있습니다.
학습에서 해방시켜주면 방황할 거라는 이도 있습니다.
규제를 느슨하게 하는 것은 교육적 책임을 다하지 않는 것만 같습니다.

그러나 우리가 수많은 사례에서 만난 놀라운 증거들.

즐겁게 놀다 보면 배움은 저절로 일어난다는 것.

이것이 우리에게 교육에 대한 무한한 가능성을 열어 줍니다.

아이를 행복하게 만들기 위한 상상.

새로운 학교는 여기서부터 출발합니다.

Chapter 1

놀며 배우는 곳, 서머힐 학교

숙제, 시험, 성적표가 사라진다면

영국의 서머힐 학교. 1921년, 영국의 교육학자 알렉산더 닐_{Alexander Neill}이 5명의 학생으로 설립한 최초의 대안학교다. 만 5세부터 16세까지의 학생을 대상으로 하는 기숙사제 사립학교이며, 현재는 전 세계에서 온 90여 명의 학생이 재학 중이다. 언제나 대안학교의 이상적인 모델로 손꼽히는 곳, 그래서 교육을 말할 때 우리 모두의 시선이 집중되는 곳이다.

제작진이 방문한 날에도 서머힐의 아이들은 노느라 정신이 없었다. 아이들은 자신들이 만든 보트를 들고 운동장을 가로질러 달린다. 한 아이에게 학교에 대해 물었다. "여기가 놀이터 같니 학교 같니?" 아이는 이렇게 말했다. "여기요? 매우 좋은 놀이터가 있는 학교예요."

서머힐의 아이들은 수업 참석 여부를 스스로 결정한다. 놀랍지만, 서머힐에서의 수업은 의무 사항이 아니다. 아이들의 선택일 뿐이다. 그것은 아이들의 자유 의지이고, 이것이 서머힐 학교의 가장 큰 특징이다. 수업에 대한 강요도 없고, 숙제나 시험도 없다. 성적표가 있을 리 만무하다. 아이들은 그저 학교에서 재미있게 논다.

만약 학교에서 규제 없이 이렇게 놀도록 '방치'한다면 학교의 교육적 책임이나 교육 효과는 어떻게 보장되는 것일까? 사실은 매일매일 어떤 놀이를 할지 궁리하는 과정, 이 과정 속에 아이들의 배움이 있다.

놀이를 기획하고 놀이 도구를 만들면서 아이들은 호기심과 탐구심, 창의력을 키운다. 스스로 정한 놀이 규칙 속에서 규율과 규범의 중요성, 대인관계, 사회성 등을 기른다. 그렇다고 공부를 아예 잊지는 않을까 걱정하지 않아도 된다. 늦어도 열세 살 무렵이 되면 아이들은 제 발로 교실을 찾는다. 바로 '공부'라는 또 다른 놀이를 찾는 것이다.

"처음에는 학생들에게 왜 수업에 들어오지 않느냐고 묻곤 했어요. 그게 바보 같은 질문이라는 걸 나중에 깨달았죠. 왜냐하면 아이들은 그 질문에 대답할 필요가 없으니까요. 저는 아이들과 친구 그 이상의 관계는 아니에요. 그리고 대부분의 학생들은 그 물음에 '잊어버렸어요'라고 대답합니다. 사실 잊어버렸다기보다 자신이 생각하기에 더 중요한 일을 하고 있었을 거예요."

— 서머힐 학교 과학교사 마이클 뉴먼

서머힐에서는 아이들 스스로 취침 점호와 학생 자치 회의를 진행한다. 수업은 빠져도 일주일에 두 번 열리는 학생 자치 회의는 대부분 참석을 한다. 교직원은 물론 교장선생님까지도 회의에 참석해 모두 동등한 입장에서 의견을 주고받는다.

회의 내용도 기숙사의 빨랫감을 언제 내놓을 것인가와 같이 학교생활에 관한 것이다. 각자 내놓은 의견에 대해 아이들과 선생님은 평등하게 한 표씩 행사하게 되고, 다수결에 의해 최종 결정을 내린다. 7살 아이와 교장선생님의 한 표는 같은 효력을 갖는다.

자유롭다고 해서 모든 것이 다 허용되는 것은 아니다. 분명 서머힐에도 허용되는 것과 그렇지 않은 것이 명확하게 구분되어 있다. 그 기준은 자신의 행동이 다른 사람에게 피해를 주느냐 아니냐로 갈린다. 내가 수업에 어떤 옷을 입고 갈지, 무엇을 먹을지, 무엇을 할 것인지는 마음대로 고를 수 있지만, 가령 남들이 잠든 한밤중에 피아노를 치는 일처럼 누군가에게 피해를 주는 행위에 대해서는 허용하지 않는 것이다.

아이들은 너무 세세하고 많다고 할 수 있는 서머힐의 규칙에 대해 어떤 압박감도 받지 않는다. 스스로 정한 규칙이기 때문이다. 동화작가 존 버닝햄은 자신의 어린 시절을 보낸 서머힐 학교에 대해 이렇게 표현한다.

"서머힐은 제가 가장 좋아하는 학교입니다. 서머힐 학교가 좋았던 점은 저로 하여금 제 머릿속을 학문적인 것들로 꽉꽉 채우게 만드는 압박감을 주지 않았다는 것이죠. 저는 굉장히 자유로웠어요. 그 학교를 다닌 것은 저로서는 행운이었습니다."

 ▨ EBS 교육대기획 학교란 무엇인가

우리가, 우리의 아이가, 나중에 어른이 되었을 때 자신이 다녔던 학교를 이렇게 추억할 수 있다면 얼마나 행복할까.

교육에는 두려움이 없어야 한다

하지만 서머힐 학교의 방식이 언제나 만사형통이었던 것은 아니다. 90년 전통을 갖고 있던 이곳도 위기가 닥쳐오자, 한 순간에 존폐의 기로에 서게 되었다.

| 서머힐 학교의 위기 |

1999년, 영국 교육기준청OFSTED 검열관들이 서머힐 학교에 들이닥쳤다. 10여 명의 검열관이 나흘 동안 서머힐 학교 이곳저곳을 들쑤셨다. 교육청은 서머힐 학교의 시설이 오래되고 낡았으며, 특히 아이들의 수업 참여도가 낮은 것에 문제가 있다고 판단했다. 그리고 '부적격Fail' 판정을 내렸다. 영국 교육기준청은 '학생들을 강제로 수업에 참여시키라'고 요구했고, 서머힐 학교는 즉각 법원에 소송을 제기했다.

서머힐 학교를 둘러싼 법적 논쟁은 영국 사회 전체의 이슈로 떠올랐다. 법정의 쟁점은 아이들 스스로 수업 참석 여부를 선택한다는 것이었다. 아이들의 수업 자유권을 두고 찬성과 반대 의견이 팽팽하게 맞섰다. 언론에서는 '서머힐 학교를 폐교하는 것은 교육적인 파괴 행위가 될 것이다' '급진적인 학교의 기준이 너무 낮다' '서머힐은 가장 규율적인 학교다'라고 기사를 쏟아냈다.

당시를 회상하며 서머힐의 소이 레드허드 교장선생님은 이렇게 말했다. "그들은 우리가 이곳에서 하는 것들이 탐탁지 않았고, 서머힐이 학생들에게 충분한 교육을 제공하지 않는다고 생각했습니다. 그래서 우리에게 변화를 요구했고, 변화하지 않는다면 학교의 문을 닫겠다고 엄포를 놨습니다."

당시 영국 교육부 수장이었던 데이비드 블랭킷David Blanket 장관은 공교육 강화를 전면에 내세우고 있었다. 학생들의 학업 성취도를 높이는 것을 목표로, 그 어느 정부보다 학교 수업을 강조했다. 교육기준청은 서머힐 학교가 교육적 책임을 제대로 지고 있지 못하다며 비난했다.

서머힐 학교의 설립 취지와 전통을 지키는 데 선생님, 부모, 학생, 그리고 졸업생이 마음을 모았다. 그들은 정부에 진정서를 제출했고, 법원 앞에서 매일 시위를 벌였다. 1999년, 영국의 교육기준청과 서머힐이 법적 논쟁을 벌였을 당시, "서머힐 학교가 당신의 아이에게 좋은 영향을 미칩니까?"라는 질문에 100% 부모들이 '매우 그렇다'고 손을 들어주었다. 어느 학교가 100%라는 놀라운 수치를 내놓을 수 있을까.

학생과 부모, 교사의 진심 어린 노력으로 서머힐 학교는 법정에서 승리를 거둘 수 있었다. 아이들의 수업 자유권을 법정이 인정해주었으며, 교육이란 것이 단지 수업에만 국한되는 것이 아니라는 점을 일깨워주었다. 재판관들이 학생들과의 만남 이후, 우호적인 입장으로 돌아선 것이 결정적 계기였다.

"서머힐 학생들의 시험 성적은 좋았어요. 다른 학교보다 더 좋은 성적
을 거뒀지요. 그래서 법원은 학교에 본질적인 잘못이 있다고 판단하
지 않았습니다. 왜 이런 학교의 존재가 관료주의자들에 의해 괴롭힘
을 당해야 하는가 생각했습니다."

– 서머힐 폐교 논쟁 당시 판사

결국 영국 교육기준청은 소송을 취하했고, 서머힐 학교는 아이들의
품으로 돌아갔다. 아이들은 서머힐 학교를 자신의 힘으로 구해냈다. 서
머힐 학교의 교장은 기쁨에 들떠 이렇게 말했었다. "정말 놀랐습니다.
최고예요. 우리는 정말 엄청난 스트레스를 받아왔어요. 최근 교육기준
청의 타깃이 되면서 상당히 두려웠었거든요."

폐교 논쟁이 끝난 지 8년. 2007년 영국의 교육기준청은 서머힐 학교
에 대해 전혀 다른 평가를 내렸다. 학교 시설, 수업 자재, 그리고 수업
내용까지, 모든 항목에 '합격(Pass)'을 주었다.

서머힐 학교는 1999년에도, 그리고 2007년에도 변한 것이 없었다.
늘 한결 같은 방식으로 아이들이 놀며 배우는 곳인데, 관점에 따라 상반
된 평가가 내려졌다. 그리고 그 이면에는 외부의 압력에 굴하지 않고 90
여 년 간 올곧게 지켜온 서머힐의 교육적 신념이 있었다.

아이들이 행복한 학교. 그것을 지키기 위한 노력이 결국 학생, 부모
는 물론 사회의 여론까지도 그들 편으로 만든 것이다.

아이들이 행복한 미래의 학교

1921년, 서머힐 학교 설립자인 알렉산더 닐은 어떤 생각을 갖고 있었을까? 그의 딸이자 현재 서머힐 학교의 교장인 소이 레드허드는 이렇게 말했다. "아버지의 기본적인 생각은 아이들이 학교에서 보내는 시간이 행복하지 않다는 것이었습니다. 아버지께서는 유년 시절은 행복하게 보내야 하는 시간이고, 단순히 책에 쓰인 것보다 경험을 통해 많은 것을 배워야 한다고 생각했습니다."

설립자의 생각은 하나였다. 바로 '아이 중심'의 학교. 어른들의 간섭 없이 아이들에게 모든 것을 맡겨 두면 아이들은 스스로 자란다는 것, 이것은 서머힐의 새로운 교육 실험이었다.

책이나 수업을 통해 배우는 것이 아니라, 경험을 통해 배우게 하는 것. 그리고 자연 속에서 마음껏 뛰어노는 것이야말로 미래의 어려움에 맞설 수 있는 힘이라는 것. 즐겁게 놀다 보면 배움은 저절로 일어난다는 믿음.

> "제가 감정과 자유로운 지성들을 정의할 수는 없지만 서머힐은 어린 아이들의 그러한 특성을 기반으로 해서 창립된 학교입니다."
>
> – 서머힐 학교 설립자 알렉산더 닐

우리는 이상적인 학교를 꿈꾼다. 하지만 그 꿈 안에 아이가 있는지에 대해서는 자신 있게 말할 수 없다. 오늘날 학교의 위기가 바로 여기에서 시작된 것일 수도 있다. 만약 모든 학교가 철저하게 '아이 중심'으로 바뀐다면 어떻게 될까.

수업의 선택권을 아이에게 준다면 우리는 덜컥 겁부터 내게 될지 모른다. 아이들이 그 속에서 과연 무엇을 배울까, 스스로 공부를 하게 될까? 그렇게 공부해서 대학에 갈 수 있을까? 대학을 못 가면 살아가기 힘들지 않을까?

우리가 이런 생각을 품는 이유는 아이들을 믿지 못해서이다. 그리고 우리 사회의 구조적 모순을 항상 염두에 두기 때문이다. 좋은 직장, 높은 연봉이 성공으로 인정받고 대우받는 사회 분위기 앞에서, 선뜻 우리의 아이를 시험대 위에 올려놓기란 두려운 일이다. 그러나 이런 두려움 때문에 아무런 변화도 시도하지 못한다면 아이들이 행복한 학교란, 다가올 미래가 아니라 그저 한낱 꿈에 불과할 뿐이다.

Chapter 2

'억지 공부'가 사라진 학교,
그 안에는…

자신의 잠재능력을 발견할 수 있도록

학교의 위기는, 아이들이 정말 그 시기에 배워야 할 '기본'보다 대학에 입학하기 위한 학업 성취도에 집중하고 있기 때문에 찾아온 것일지 모른다. 부모를 비롯한 사회 전반의 요구가 바로 학교의 교육적 책임을 학업 성취도에 두기 때문일지 모른다.

학업 성취도. 학교에 부과된 이러한 교육적 책임은 아이 한 명, 한 명의 꿈을 재단하고 변질시킨다. 가정에서부터 비롯된 부모의 과잉욕구는 학교가 학업 성취도에 더 매달리게 하는 채찍이 되었다.

아이들이 꾸는 꿈은 어른이 상상할 수 없을 만큼 다양하다. 70~80년대까지만 해도 가장 인기 있었던 장래희망은 의사나 변호사, 교사, 사업가 등으로, 비교적 안정된 사회적 지위를 누리는 것이었다. 넉넉지 못한 형편이지만, 공부만 잘한다면 출세의 길이 열릴 거라 믿었다.

그러나 요즘에는 경제적으로 부유해야만 더 나은 교육 환경과 정보를 얻을 수 있게 되었다. 조기유학, 영어 유치원이나 사립 초등학교, 온갖 예체능 특화 교육도, 사교육 시장이 번성한 지역에 거주하는 일도 모두 돈이 있어야 가능하다.

오직 공부에 의해서만 자신의 꿈을 이룰 수 있는 현실도, 부모의 경제력에 의해서 교육이 달라지고 꿈이 변질되는 현실도 이상적이라고 볼 수는 없다.

아이의 꿈을 실현시키는 데 가장 중요한 것은 바로 재능과 소질, 그리고 하고자 하는 마음이다. 사람은 누구나 자신이 잘하는 것을 하고 싶어 한다. 바로 즐겁기 때문이다. 자신이 하고 싶은 것을 즐겁게 배울 때, 아이의 성취도는 달라진다. 꿈에 한 발 더 가까워질 수 있다.

아이들은 자신의 적성과 재능을 발견하기 위해서 공부해야 한다. 어떤 분야를 배우는 것이 즐거운지, 잘하는 분야는 무엇인지, 원하는 꿈을 이루기 위해서는 어떤 분야를 더 공부해야 하는지 탐색하기 위해서여야 한다. 드디어 꿈을 발견했을 때 어떻게 그 꿈을 실현해나갈 것인지 그 과정을 습득하기 위해서여야 한다.

과연 아이들이 학교에서 자신의 꿈을 발견하고 키울 수 있을까. 아이는 학교 안에서 공부를, 학교 밖에서 꿈을 꾼다. '공부=꿈'의 공식이 성립하지 않기 때문이다. 모두가 똑같이 정규 과목을, 같은 방식으로 배운다. 마라톤을 하듯, 대학이라는 같은 목표를 두고 골인 지점을 향해 달린다. 지쳐 떨어진다면 대열에서 낙오될 것이고, 실패자라는 낙인이 찍힐 것이다.

부모는 자신의 꿈을 대신 실현시켜주는 존재인 양 아이를 조종한다. 아이는 공부만 강요하는 학교와 부모 때문에 자신의 꿈이 무엇인지 생각해볼 겨를이 없다. 학교와 교사는 아이의 학업 성취도를 높여 대학에 합격시키고 학교의 대학 진학률이 높아진 것에 만족한다. 이 속에서 우리 아이들은 꿈을 잃고 헤맨다.

그러나 학교와 교사는 아이가 적성과 재능을 발견할 수 있도록 관찰자가 되어야 한다. 자신의 학생이 어떤 재능이 있고, 무엇이 되고 싶은지 마음 터놓고 이야기할 수 있는 조언자가 되어야 한다.

화제가 되었던 EBS 다큐프라임 〈마더 쇼크〉에서는 아이의 연령에 따른 부모의 역할을 짚어주었다. 만 7~12세까지는 격려자로서의 부모가, 13~20세까지는 상담자로서의 부모가 되어야 한다는 것이다.

부모의 역할과 교사의 역할은 다를 수 있지만, 초등기와 청소년기의 안정적인 정서 발달을 위해 가장 필요한 존재는 바로 격려자와 상담자라는 점은 깊이 생각해볼 만하다. 아이가 자신의 꿈을 격려 받을 수 있고, 그 꿈을 실현하기 위해 어떻게 하면 좋은지 멘토링 받을 수 있다면, 그것으로 절반 정도는 성공한 것이다.

자신의 힘으로 꿈을 이룰 수 있는 능력

아이 스스로 해야 한다고 해서 "네 꿈은 스스로 이루렴." 이렇게 말해놓고 그저 지켜본다면 그것은 오히려 아이를 방치하는 것과 진배없다. 지도도 주지 않은 채 목적지에 도착하라고 말할 수는 없는 법이다.

가장 이상적인 과정은, 아이가 학교에서 즐겁게 배우고 생활하며 자신의 꿈을 향해 한걸음씩 나아가는 것이다. 학교는 아이가 즐겁게 생활할 수 있는 쉼터가 되어야 하고, 선생님은 아이가 꿈을 이룰 수 있도록 격려하는 격려자, 상담자가 되어 곁에 있어주어야 한다. 그래도 잊지 말아야 할 것은, 꿈은 누군가 대신 꾸어주거나 이뤄주는 것이 아니라는 사실이다.

아이가 스스로 꿈 꾸고 이루려면 '자기 주도성'을 길러주어야 한다. 최근 교육법 중 화두고 되고 있는 자기 주도성. 주도성 있는 아이는, 자신의 일은 스스로 해야 된다고 생각하며, 또 스스로의 힘으로 해낼 수 있다고 믿는다. 어떤 일이든 용기 있게 시도하는 등 긍정적인 사고를 한다. 자신이 해야 할 일을 명확히 파악하고 있으며, 어려운 난관에 부딪혔을 때 그것을 피하기보다 해결하기 위해 노력한다.

습득한 지식이나 기술을 제대로 활용할 줄 알며, 목표를 향해 일을 추진하고자 한다. 다른 사람의 평가보다는 자신의 의지를 중요시 여기며, 자기 자신을 이해하고 수용할 줄 안다. 정서적으로도 안정되어 있다. 교육 전문가들은 자기 주도성이야말로, 아이에게 배움에 대한 동기를 부여하고 학습 성취도 또한 높여준다고 입을 모은다.

EBS 〈학교란 무엇인가〉 제작진은 '제9부 사교육 분석 보고서'를 진행하면서 몇 가지 설문을 진행한 바 있다. 이중 특기할 만한 사실은 학생 200명을 대상으로 '사교육을 받으면서 가장 어려운 점'을 조사한 결과, 무려 67%에 해당하는 학생이 "학원에 오래 다녀도 자신에게 맞는 공부법을 모르겠다"고 답한 것이었다.

학교와 교사가 아이들에게 목표의식도 심어주지 않은 채 공부만 하게 만든 결과, 아이는 혼자서는 아무것도 할 수 없는 정신적, 정서적 미숙아가 되어 버렸다.

문제는 아이 스스로 할 수 있는 기회를 원천 봉쇄해버렸기 때문일 수 있다. 꿈을 꿀 기회조차 주지 않았기 때문일 수 있다. 너무나 많은 규율과 학칙이 아이들을 옭아매고, 1시간 단위조차 학교와 부모의 지시에 따라 움직여야 하는 현실. 이 속에서 아이는 '공부 로봇'이 되어 움직일 뿐이다.

아이 스스로 자신의 꿈을 찾고 실현해 나가기 위해서는 아이의 능력을 믿고 신뢰하는 어른들이 있어야 한다. 아이가 실패할까 봐 도전조차 못하게 차단하는 어른이 되어서는 안 된다. 아이는 자신이 원하는 꿈을 찾아 경험하고, 도전하며, 때로는 실패의 과정 속에서 또다시 성공을 위해 일어설 수 있는 용기를 얻어야 한다. 학교와 부모의 역할은 든든한 조언자이자 상담자인 것만으로도 충분하다.

교육이란 행복한 어른으로 키우는 것이다

인도 영화 〈세 얼간이〉가 전 세계적인 인기를 얻고 있다. 이 영화는 인도의 유명 공과대학 IIT를 모델로 한 가상의 일류 명문대 ICE에서 벌어지는 세 학생의 자아실현을 현실적이면서도 유쾌하게 다룬 영화다.

천재들만 간다는 일류 명문대. 그 안에서 학생들은 좋은 성적과 취업만을 위해 학교에서 지시하는 대로 맹목적인 공부를 할 뿐이다. 자신의 꿈은 접어둔 채 오직 인도에서 성공할 수 있는 길, 공학자가 되기 위해 갑갑한 교수 방식에 순종하며 공부에 매달린다.

이 학교의 학장은 자신의 방식에 따르지 않거나 능력이 부족한 학생은 가차 없이 낙제점을 주거나 정학, 퇴학 조치를 함으로써 학생들을 좌절감에 빠뜨리곤 한다. 심지어 그의 처분에 충격을 받고 자살하는 학생들도 있지만, 학장의 교육 방침은 변하지 않는다.

이런 강압적인 교육 방침에 의구심을 갖는 천재 '란초', 아버지가 정해준 꿈, 공학자가 되기 위해 정작 본인이 좋아하는 포토그래퍼 일은 포기하는 '파르한', 찢어지게 가난한 집에 병든 아버지와 식구들을 책임지기 위해 무조건 대기업에 취직해야만 하는 '라주', 세 사람이 친구가 된다. 이들은 학교 안에서는 그저 세 얼간이에 불과하지만, 다른 학생들이 보장된 성공을 얻기 위해 똑같은 길을 걸을 때, 자신이 정말 하고 싶은 일과 행복한 삶에 대해 생각했다.

란초의 조언 덕분에 아버지를 설득한 파르한은 자신의 꿈인 포토그래퍼의 길을 가게 되었고, 라주는 수많은 걱정과 두려움을 떨치고 좋은 직장에 취직할 수 있게 되었다. 늘 학장과 반목하던 란초는, 당당히 최우수 졸업생의 영예를 누리게 된다.

우여곡절 끝에 친구들은 란초가 성공이 아닌, 순수하게 공부하는 재미를 즐겼던 친구였다는 것을 깨닫게 된다. 영화는 마지막을 이렇게 장식한다. '너의 재능을 따라 간다면 성공은 반드시 뒤따라올 것이다.'

어찌보면 식상한 결론이지만, 영화를 관람한 사람들은 우리나라와 유사한 교육 현실에 많은 공감을 표했다. 특히 2010년엔 우리나라 최고의 명문대인 카이스트에서 연이은 학생들의 자살 사건이 벌어지면서 우리나라 교육 현실을 다시 돌아볼 수밖에 없었다.

교육학자들은 학생들에게 위기를 극복할 수 있는 내성, 실패할 수도 있는 자신을 있는 그대로 사랑하는 자존감 등을 가르쳐주지 못한 교육 현실을 질타했다. 왜 우리 청소년들을 정신적, 정서적 무방비 상태로 경쟁 사회 속에 던져 놓느냐고 비난했다. 그리고 우리나라 교육 전반에 변화가 필요하다고 목소리를 높였다.

하지만 비난하는 이들은, 한편으로는 바로 비난 받아야 할 대상이었다. 우리 중 누구 하나 이 비난을 피해갈 수 있는 사람은 없다. 학교를 포함한 교육계는 우리나라의 교육 제도를 책임지는 중추로서, 부모는 자식의 성공에 눈이 멀어 교육 시장을 변질시킨 조종자로서, 제3자는 자신에게만 관대할 뿐, 늘 사회적 성공을 잣대로 타인을 평가하는 불공정한 시선으로 비난 받아 마땅하다.

자, 다시 처음의 질문을 던져보자. 학교는 무엇을 하는 곳일까? 어떤 것이 가장 현명한 대답일지 생각해보자. 학교는 '아이들이 행복한 어른이 되도록 가르치는 곳'이 아닐까.

Chapter 3

학교의 중심은 학생이다

아이의 행동에는 이유가 있다

"요즘 애들 무서워요. 지난번에 동네 골목에서 교복을 입고 담배를 피우고 있기에 한마디했다가 입에 담을 수 없는 욕지거리를 들었어요. 아이들이 달려들어 때릴까 봐 거의 도망치듯이 빠져 나왔어요."

"늦은 밤, 퇴근을 하고 동네 골목을 지나다 보면 오토바이를 탄 아이들이 저를 스치듯 지나칠 때가 있어요. 깜짝 놀라 소리를 지르며 벽에 붙어 섰는데, 아이들이 재밌다는 듯 괴성을 지르면서 사라지더라고요. 그 '빠라바라바라밤' 경적 소리를 내면서 말이에요."

"우리 동네에는 오래된 놀이터가 있는데 밤만 되면 남학생들과 여학생들이 어울려 놀아요. 고등학생 같기도 하고, 여자애들은 여중생처럼 보이기도 하는데, 가끔 술도 마시나 봐요. 아침에 출근하다 보면 아이들이 있던 자리에 소주병이랑 팩이 나뒹굴고 있어요.”

‘요즘 아이들’에 대한 우리 어른들의 생각이다. 이런 이야기 속에 담긴 요즘 아이들은 버릇이 없고 반항하며, 일탈을 하고, 폭력적이고, 거짓말을 하며, 어른의 말은 귓등으로도 안 들으면서 어른 흉내만 내려고 하는 존재이다.

그런데 아이들의 반항이나 일탈, 외모 치장, 허세 등은 아이들의 성장 과정 중에 흔히 나타날 수 있는 성향이다. 청소년기에는 2차성징과 더불어 성숙해진 신체와 달리 아직은 미성숙한 정신을 갖고 있다. 이때 아이들은 감정적으로도 불완전한 상태이다. 즉 흔히 말하는 사춘기 증상을 보이게 된다.

청소년기, 즉 사춘기에 이런 성향이 두드러지는 것에 대해 뇌 의학 전문가들은 전두엽의 발달과 관련이 있다고 말한다. 특히 십대 초반에는 아직 전두엽의 발달이 완성되지 않은 상태라 주로 감정 처리를 뇌의 편도에서 하게 되는데, 이로 인해 자신의 감정 상태를 제대로 파악하는 데 어려움을 겪게 된다는 것이다.

부모의 조언에도 감정적으로 해석해, 분노하거나 반항하는 것도 이런 이유에서이다. 부모가 습관처럼 말하는 “공부해”라는 소리에 심한 분노를 터트리기도 하고, “너는 왜 그 모양이야?” 하는 말에 집을 박차고 나갈 수도 있다. 부모의 조언을 ‘엄마 아빠는 나를 싫어하는구나’ ‘엄마 아빠에게는 내가 쓸모없는 인간이구나’ 하는 식으로 감정적인 해석을 하는 것이다.

또한 사춘기 때는 뇌의 보상회로에 도파민 분비가 줄어들게 된다. 보상회로는 우리가 힘든 일을 묵묵히 참고 견디다 마침내 해냈을 때 쾌감을 느끼게 되는 신경회로를 말한다. 그리고 도파민은 뇌를 각성시켜 집중과 주의를 유도하고, 삶의 만족감을 느끼게 하며, 창조성을 발휘하게 하는 신경전달물질이다. 보상회로에 도파민 분비가 줄어든다는 것은, 아이들이 웬만한 자극에는 쾌감이나 희열을 느끼기 어렵다는 걸 의미한다.

결국 아이들은 더 자극적이고, 더 쾌락적인 경험을 추구하면서 행동에 옮기게 된다. 성적 호기심으로 야한 동영상을 보며 자위행위를 한다든가, 친구들과 어울려 술과 담배를 경험하는 것도, 힘이 약한 친구를 협박해 돈을 요구하는 것도, 컴퓨터 게임에 빠져 학교 수업을 빼먹는 것 등도 모두 일탈과 쾌감을 맛보기 위해 저지르는 일이다.

게다가 후두엽의 발달은 아이로 하여금 자신과 타인을 구분하는 일에 촉각을 곤두세우게 하고 자꾸 남과 자신을 비교하게 된다. 친구가 자기보다 조금이라도 못하다고 느끼면 한순간 우쭐했다가도, 또 다른 친구가 자기보다 낫다 싶으면 금세 낙담하고 실망하는 것도 이 시기 아이들의 특징이다. 자기 과신과 비하 사이를 갈팡질팡하면서 정체성에 의구심을 갖기도 한다.

어떤 아이는 이 시기를 별 탈 없이 무난히 넘길 수 있고, 어떤 아이는 지독한 병치레를 하듯 온갖 우여곡절 끝에 넘길 것이다. 하지만 이 모든 과정은 아이가 어른이 되기 위한 통과의례다. 이들 모두 어른이 되는 것은 똑같다. 우리가 학창시절이라 부르는 이 시기를 어떻게 보듬어주느냐에 따라 아이는 좀 더 행복한 삶을 누리는 어른이 되어 있을 것이다.

초등학교 고학년부터 시작되는 사춘기를 학교와 부모가 어떻게 이해하고 마주할지에 대해 고민해봐야 한다. 아이가 학교생활에 적응하지 못하고 자꾸 문제행동을 한다고 강압적인 방식으로 해결하려 든다면, 아이는 학교에서 한 발자국씩 물러서게 될지 모른다. 아이가 학교의 중심이라면, 그들을 학교 안으로 끌어들이는 노력부터 시작해보자.

아이가 학교 안에 머물지 못하고 자꾸 벗어나려고 하는 이유는, 우리가 아이들을 제대로 이해하지 못하고 있기 때문이다.

진심 어린 이해와 소통이 필요하다

어느 순간부터 부모는 내 아이를 대하는 것이 마냥 어렵게 느껴진다. 집에 돌아와서도 말 한마디 없고, 자기 방으로 쏙 들어가서는 방문을 걸어 잠근다. 밥 먹을 때만 비죽 얼굴을 내밀었다가, "요즘 학교에서는 별일 없고?" 하는 질문에 대뜸 "아, 됐어!" 하며 아예 부모의 말을 원천봉쇄하기도 한다. 부모로서는 자존심도 상하고, 아이의 버릇없음에 화가 나기도 해서 기어코 언성을 높이게 된다. 아이는 엄마의 말이 끝나기도 전에 방으로 들어가 문을 쾅 닫아 버린다.

이런 일이 반복되면 어느새 부모는 아이의 '심기'를 건드리지 않으려 노력하게 된다. 마치 아이가 시한폭탄 같이 느껴져, 그저 아이 하는 대로 내버려두게 된다. 사춘기라서 그러려니, 하고 포기하고 마는 것이다.

학교에서 아이들과 더 많은 시간을 보내는 선생님들 역시 아이들이 어렵기는 마찬가지이다. 자신들에게 다가와 어려운 문제를 가르쳐달라고 하고, 우스갯소리와 함께 아양을 떨기도 하며, 때로는 선생님이 어려워 쭈뼛거리고, 혼날 때는 말없이 고개를 푹 숙이고 마는, 이런 학생의 모습이 그리울 수 있다.

우리는 반항이나 일탈, 방황 등 아이가 사춘기 특성을 보일 때 빨리 이것을 잡아야겠다는 조급한 마음, 강박증이 일어난다. 아이가 스스로 깨닫고 행동할 때까지 기다리는 것은 너무나도 어렵다. 결국 우리는 조급한 마음에 서두르다가 감정적으로 대처하거나, 지나치게 불필요한 개입을 하게 될 수 있다.

하지만 아이의 감정은 극도로 예민하고 증폭되어 있다. 아직 자아발달의 과정에 놓여 있기 때문에 누가 일러준다 해도, 스스로 이해되지 않으면 받아들이지 못한다. 이때 부모나 교사가 이성적인 말투로 자신의 잘못을 하나하나 짚어가며 나무라거나 혼낸다면, 이는 더 큰 반항을 가져올 수 있다. 아무리 어른의 말이 옳더라도, 아이가 잘못했다고 비난하거나, 이렇게 하라고 지시하거나, 이를 강요하는 것은 오히려 역효과를 볼 수도 있다. 사춘기, 즉 청소년기의 아이에게 가장 필요한 것은 바로 어른들의 공감이다.

아이의 잘못된 행태를 빨리 교정해주어야 된다는 강박증, 조급증은 버리고 아이를 이해하는 것부터 시작한다. 그리고 이런 마음을 담아 아이와의 소통을 시도해야 한다.

진심 어린 마음에서 비롯된 출발은 좋은 결과를 가져올 것이다. 사춘기 자녀와의 소통에서 문제를 겪는 이유는, 부모가 대개 어른의 기준으로 아이를 대했기 때문이라고 한다.

"공부해라. 그래야 좋은 대학 가지."
"대학만 가면 네가 하고 싶은 것, 그때 다 하면 돼."
"너만 힘든 것은 아니란다."

아직 정신적으로 미숙한 단계의 아이들에게 우리는 '다 컸다'며 여전히 어른들의 언어로 말을 건다. 어른들의 이런 말에 아이들이 대답해줄 리는 만무하다. 아이의 마음속에 상처 하나를 더 만들었을 수 있다.

우리는 은연 중 부정적 상황을 거론함으로써 아이를 비난하는 듯한 표현을 할 때가 있다. 가령 PC방에서 실컷 놀다가 들어온 아이에게 우리는 어떤 말을 던질까? "게임이 그렇게 재밌니?" "PC방에서 오는 거니?" 하며 콕 집어 아는 체를 한다. 부모가 말하지 않아도, 아이는 숙제를 팽개치고 PC방에서 너무 오래 머물렀던 것이 찔리던 참이었다. 이때는 그냥 "잘 놀다 왔어?" "친구들과 재미있었니?" 하는 식으로 상황에서 한 걸음 물러서서 대할 필요가 있다. 부모가 아이의 행동이나 마음을 이해한다면, 소통에 있어서 이러한 배려는 어렵지 않다.

부모나 교사가 잔소리를 하며 말로 꾸짖지 않아도, 아이는 은연 중에 나오는 어른들의 표정, 눈빛 등에서 말보다 더 많은 의미를 받아들이게 된다. 부모와 교사는 이런 점까지 염두에 두고 아이를 대해야 한다.

아이의 마음과 더불어 사춘기의 문화를 이해하려는 노력도 필요하다. 또래의 아이들이 어떤 가요를 좋아하고, 어떤 연예인이 인기 있으

  ■ EBS 교육대기획 학교란 무엇인가

며, 어떤 스타일의 패션이 통하는지 등에 대한 공감이 필요하다. 같은 연예인을 좋아하고, 최신 가요를 부르고, 컴퓨터 게임을 함께 하라는 의미는 아니다. 단지 아이에게 부모가 우리의 문화를 배제하지 않는다는 신뢰를 줄 수 있다면 그것으로 충분하다.

아이돌 가수의 콘서트에 간 아이를 차로 마중 가는 일, 컴퓨터 게임의 캐릭터 이름 몇 개쯤은 외워두는 일 등은 아이로 하여금 자신이 좋아하는 것을 부모가 이해하고 존중한다는 믿음을 갖게 한다. 그리고 부모가 자신의 있는 그대로의 모습을 인정한다는 믿음을 갖고, 자신의 이야기를 부모에게 시작할 것이다.

베르나르 베르베르Bernard Werber의 저서 『베르나르 베르베르의 상상력 사전』에 보면 의사소통에 대한 재미있는 일화가 나온다.

13세기의 로마 황제 프리드리히 2세는 한 가지 실험을 한다. 갓 태어난 아기 여섯 명을 영아실에 넣고, 유모들에게 아기들을 먹이고, 재우고, 씻기되 결코 말을 해서는 안 된다는 명령을 내렸다. 황제는 아기가 외부 자극 없이 어떤 언어로 말하게 될지 무척 궁금했다. 내심 그리스어나 라틴어처럼 자신이 생각하기에 순하고 본원적인 언어를 말하게 되리라 기대하면서. 하지만 실험은 의외의 결과를 낳았다. 말을 하는 아기는 한 명도 없었으며 여섯 아기는 날이 갈수록 시름시름 앓다가 죽고 말았다.

베르베르는 이 일화를 소개하며 소통의 중요성을 언급했다. 마음은 태산 같지만, 소통하지 못하다면 이미 죽은 마음과 다름없다.

교육적 상상력을 높여라

아이들을 이해하고 소통하고자 하는 마음을 품었다면, 학교를 위해 무엇부터 시작해야 할 것인지 고민해볼 차례이다. 우리는 학교의 위기를 말하면서, 그 위기를 타계하기 위한 대책 마련에는 다소 위축된 모습이다. 입시제도만 수시로 바꿔 겉핥기 식으로 문제를 해소하려고만 한다. 물론 교육제도를 바꾸는 일은, 엄청난 파장을 몰고 올 수 있다.

일부는 공교육의 추락을 거론하면서 그 대안을 말 그대로 '대안학교_{또는 특성화학교}'에서 찾기도 한다. 90여 년 전통의 서머힐 학교가 이제는 전 세계의 이목이 집중되는 교육의 이상향이 되었듯이, 우리 역시 대안학교가 공교육의 탈출구인 양 생각한다. 물론 대안학교는 '억압적인 입시 교육에서 벗어나 좀 더 다양하고 자유로우며 자연친화적인 교육을 받을 수 있도록 가르친다'는 취지에서 생겨난 것이다.

그러나 문제는 모든 아이들이 대안학교에 다닐 수도 없고, 현재의 모든 학교가 대안학교처럼 변하는 것은 요원한 일일 수도, 현실적으로 불가능한 것일 수도 있다는 것이다.

하지만 우리는 대안학교에서 학습자_{아이} 중심의 비정형적 교육 과정, 다양한 교수 방식에 주목해볼 수 있다. 바로 이 부분에서 우리의 학교가 '교육적 상상력'을 발휘해야 하는 것이다. 교육적 상상력이라는 말은 교육학의 대가인 엘리어트 아이즈너_{Elliot W. Eisner}가 자신의 저서를 통해 소개한 말이다.

- 수업은 예술이고, 교사는 예술가이다.
- 교사는 무한한 교육적 상상력을 발휘하여 창조적인 수업을 이끌어야 한다.
- 창조적인 수업의 결과는 그 자체로 의미가 있다.
- 목표에 따라 도출된 항목의 평가가 아니라, 창조적인 수업 과정과 그 수업의 결과, 즉 교사와 학생이 만들어낸 산출물을 평가해야 한다.

대안학교가 아닌 이상, 우리의 학교는 모두 엇비슷한 교수법으로 아이들을 가르친다. 학습자인 아이는 없고, 가르치는 교사와 교육 목표가 우선되는 것이다. 아이의 학습 능력과 흥미도를 고려하여, 호기심을 유발할 수 있는 수업 방식에 대해 교사와 학교는 늘 고민하고 염두해야 한다.

교육 내용을 효과적으로 전달하기 위해 적절하고 다양한 도구는 무엇이 있는지, 그것이 아이들의 흥미를 유발하는지는 우리가 지속적으로 고민하고 개선해야 될 부분 중 하나이다.

또한 학생과 교사가 서로 소통하는 수업이 되기 위해, 학생이 성적으로만 평가받는 것이 아니라 수업 그 자체로서 온전히 평가받기 위한 변화를 시도해야 한다. 학교는 창조적인 수업을 위해 교사를 재교육시키는 것을 머뭇거려서는 안 된다.

'교육적 상상력'을 수업뿐 아니라 학교의 환경에도, 교칙에도, 체험학습이나 방과 후 활동 등에도 적용할 수 있다면 아이가 중심인 학교로 변모하는 일은 우리에게 한 발 더 가까워질 것이다.

달라질 수 있다는 희망

아이들이 행복한 학교를 꿈꾸지만, 아직 우리의 힘은 역부족이다. 아이들이 좀 더 즐겁게 공부할 수 있는 학교를 상상한다 하더라도 입시제도와 명문대=성공으로 가늠되는 사회적 분위기가 앞을 가로막고 있기 때문이다. 결국 우리는 학업 성취도나 대학 입학률이라는 항목에 의해 결과를 평가할 수밖에 없는 현실에 묶여 있다.

그렇다고 해서 희망의 끈을 놓아서는 안 된다. 국가에서 학력을 인증하는 대안학교의 숫자도 서서히 늘어가고 있으며 대안학교의 성공적인 사례에 일반 학교가 자극을 받고 변화하려는 자성의 목소리 또한 높아지고 있다. 부모들의 의식 또한 많이 달라졌다. 정부가 내놓은 교육 제도나 방침, 변화에 대해 가장 엄격한 눈으로 평가하고 그에 대한 타당성을 요구할 수 있게 되었다. 교육의 주체자로서 학교와 교사는 스스로 더욱 변화하기 위해 고민하고 대책을 연구한다.

이제는 달라질 수 있다. 학교의 위기로 인한 두려움은 한계점에 이르렀으며 앞으로는 변화할 일만 남아 있다. 그 가운데 우리가 놓치지 말아야 할 것은, 바로 아이들이다. 아이들이 중심인 학교, 아이들이 행복한 학교, 아이들이 꿈꿀 수 있는 학교가 되는 것이 우리의 최종 목표라는 사실을 잊어서는 안 된다.

어른의 삶 자체가 곧 교육이다.

학생은 수업이 아니라 교사를 받아들인다.

부모가 학교와 함께할 수 있는 방법

아이를 학교에 보내놓으면 그것으로 다 되었다는 생각은 예전에나 있을 법한 일이다. 요즘의 부모들은 아이를 위해 좀 더 적극적인 움직임을 보인다. 학교 운영에 참여해 학교 재정이나 행사 문제를 논의하기도 하고, 아이들의 급식이나 방과 후 활동, 체험 학습 등에 대해 제안하기도 한다. 여기에 부모가 학교와 소통할 수 있는 몇 가지 방법을 소개한다.

1. 담임선생님과의 협력

부모로서 학교 운영에 참여하거나 협력하고 싶다면 가장 먼저 이루어져야 할 일은 담임교사와의 협력이다. 학교는 아이가 하루 대부분을 보내는 곳이다. 어쩌면 부모보다 더 많은 시간을 선생님, 친구들과 보낼지 모른다.

학교의 위기가 찾아오면서 선생님에 대한 신뢰가 예전 같지 않지만 부모의 불신이 아이의 학습 성취도에 부정적 영향을 미친다는 점을 기억해야 한다. 부모들이 공교육을 불신하는 것만큼 선생님을 불신하는 경우도 있다. 심한 경우 학교 선생님의 능력보다 학원 선생님의 능력을 더 높게 쳐주기도 한다.

그러나 한 조사 결과에 따르면 명문대에 입학한 학생들의 대부분이 학교 선생님과 친밀한 관계를 유지했다고 한다. 공부 때문이 아니라 인생의 상담자, 조언자, 멘토로서의 역할을 선생님이 해준 것이다. 이렇듯 교사는 학생에게 제2의 부모가 될 수 있으며, 부모에게는 든든한 지원군이 될 수 있다. 따라서 부모는 가장 먼저 선생님과 협력하는 것이 필요하다.

2. 학교운영위원회, 학부모대표회의 참여

각 학교에는 부모들로 구성된 학교운영위원회, 또는 학부모대표회의 등이 존재한다.

학교운영위원회는 초중등교육법 제 31조에 근거해 마련된 것으로, 부모는 물론 교직원, 지역 인사가 참여하는 학교운영 관련 심의, 자문기구이다. 학교 규모에 따라 5〜15인 이내로 구성되며, 학교 정책 결정의 민주성과 투명성을 확보하고 지역과 학교 특성에 맞는 다양하고 창의적인 교육을 실현하는 데 그 의미가 있다.

학교운영위원회에서 학부모 위원은 공무원 임용 결격 사유가 없고, 정당의 당원이 아니라면 누구나 입후보할 수 있다. 학부모들의 직접 투표로 선출되는데, 여건상 어려울 때에는 학급의 대표로 구성된 학부모대표회의 혹은 학부모회에서 선출할 수 있다고 규정되어 있다.

학부모대표회는 학년 초 각 학급에서 2인의 학부모 대표를 뽑아 구성된다. 대개는 자발적인 의사에 따라 학부모 대표를 받게 되는데, 지원자가 없을 경우 거의 회장이나 부회장의 학부모가 맡게 되는 일이 많다. 학부모대표가 되면 학급 운영에 있어 담임교사를 보조하거나 학교 제반의 운영 사항을 살피는 일, 학교운영위원회의 선출처럼 학교운영에 대한 주요사항을 결정하는 데 투표권을 행사하기도 한다.

■ 학교운영위원회의 활동

주로 학교 예산 및 결산/수련회, 학습 체험 활동/학교교육 과정의 운영방법/교과용도서 및 교육자료 선정/학교 급식/학교주변 교육환경 정화/학교 발전기금 조성 및 운영/방과 후 학습 활동/기타 학교 운영 등에 관한 사항을 심의하고 자문하는 역할을 한다.

3. 각 지역 교육청에서 운영하는 학부모지원센터 이용

각 지역 교육청에서는 '학부모와 함께하는 행복한 학교 만들기'라는 슬로건 아래 학부모지원센터를 마련, 학부모의 학교교육 참여를 활성화시키고자 노력하고 있다. 학부모교육원에서는 자녀교육과 '학부모회' 중심의 자원봉사 동아리를 지원한다.

특히 학부모 교육정책 모니터단으로 선정되면, 현재 이루어지는 교육정책 모니터링 및 새로운 의견 제시 등의 활동을 함으로써 다양한 학교교육 참여가 이루어질 수 있다. 이밖에도 학부모 교육정책 모니터단은 매년 2월 말에서 3월에 학부모지원센터 홈페이지나 학교 공문을 통해 모집 안내를 한다. 일정한 절차를 통해 모니터단으로 선정되면 1년간 모니터링 활동을 하게 된다. 교육 정보와 교육 서비스 이용이 가능하다. 더 자세한 내용은 각 지원센터의 홈페이지에서 확인할 수 있다.

■각 지역별 학부모지원센터

- 서울 학부모지원센터 http://parents.sen.go.kr
- 경기 학부모지원센터 www.goehakbumo.kr
- 인천 학부모지원센터 http://hbm.ice.go.kr
- 충북 학부모지원센터 http://hbm.cbe.go.kr
- 충남 학부모지원센터 http://bumo.cnsmart.kr
- 경북 학부모지원센터 http://parents.gbe.kr
- 경남 학부모지원센터 http://parent.gne.go.kr
- 부산 학부모지원센터 www.hakbumo.go.kr
- 대구 학부모지원센터 http://parent.dge.go.kr
- 울산 학부모지원센터 http://hakbumo.use.go.kr
- 전북 학부모지원센터 http://parents.jbe.go.kr
- 광주 학부모지원센터 http://hakbumo.gen.go.kr
- 제주 학부모지원센터 http://hakbumo.jje.go.kr
- 전국 학부모지원센터 www.parents.go.kr

'아이 중심'의 학교, 그 새로운 출발

〈학교란 무엇인가〉 10부작이 방송되고 나서 방송 관계자들과 시청자들은 이 프로그램이 학교의 진정한 역할을 고찰함으로써 진정한 교육의 조건을 탐색했다며 호평을 쏟아냈다. 기존의 학교 관련 프로그램에서 볼 수 없었던 새로운 형식의 다큐멘터리라며 과분한 칭찬까지 더해서 말이다.

지난 9월, EBS 교육대기획 〈학교란 무엇인가〉 제작팀은 1권 출간과 더불어 또 하나의 선물을 받게 되었다. 제38회 한국방송대상에서 대상의 영예를 누리게 된 것이다. 이는 모두 방송에 출연해 진솔한 학교의 일상을 보여준 학교 선생님들과 학교, 소중한 학생들 덕분이다. 모든 분들께 한없는 고마움을 느낀다. 그저 감사할 따름이다.

책을 읽은 독자들이 마지막 장을 덮고 나서 우리의 학교 교육에 다시 한 번 기대를 걸어보고 싶은 마음이 생겼다면 정말 다행이다. 우리는 학교의 위기, 공교육의 위기를 벗어나자는 각오를 다졌고, 교육의 미래를 제시해보고자 했다. 아이가 중심인 좋은 학교, 아이가 꿈꿀 수 있는 학교를 만들기 위해, 해야 할 일은 끝도 없어 보인다.

하지만 한 가지만 기억하면 된다. 바로 우리 아이들의 행복이다.

어른들의 눈과 생각, 솜씨로 만든 학교는 아이들이 살기에는 너무 갑갑하고, 강압적이며, 획일화되어 있다. 자신만의 개성과 인격은 무시당하고 오직 대학이라는 한 가지 목표를 위해 학업 성취도를 올려야 하는 공부 로봇이 되어 가고 있다.

결국 학교와 부모가 원하는 목표는 이루었지만, 세상 밖으로 던져진 아이들은 목표를 상실하고 방황한다. 턱없이 부족한 자기 주도성과 자존감은, 아이를 꿈조차 꿀 수 없게 만들고 극단적인 선택으로 내몰아 간다. 사교육 광풍 속에서 공교육은 위태롭게 흔들리고, 아이들은 학교를 떠나기 시작한다. 교사들은 자질 논란에 휩싸이고 권위를 잃는다. 부모들은 자녀교육의 소신을 잃고 갈팡질팡 흔들린다.

먼저 우리는 아이가 왜 학교로부터 벗어나 반항과 일탈, 방황을 하는 것인지 되짚어봐야 한다. 아이들에게 딴 속셈이 있어서가 아니다. 아이들의 두뇌와 정서 발달이 바로 그렇게 행동하고 생각하라고 조종하기 때문이다. 만약 사춘기를 좀 더 안정적으로 보내도록 해주려면 유아기와 초등기에 다양한 경험을 통한 창의성과 인성을 길러주어야 한다.

교사와 부모는 누구보다 아이를 이해하고 기다려주어야 한다. 지금 당장 입시 제도와 교육 환경을 뜯어고칠 수는 없지만, 아이의 눈높이와 마음높이를 맞추는 것부터 시작할 수는 있다. 선생님과 부모의 진심어린 공감, 배려를 느끼게 될 때 아이도 마음의 문을 열고 변화할 기미를 드러낸다. 그리고 학교에서 아이는 숨을 쉴 수 있게 된다.

교사는 아이가 중심인 창의적인 수업 방식을 위해서 힘써야 한다. 학업 성취도를 높이고 대학 진학률을 올리는 일에 혈안이 되기보다 아이에게 공부에 대한 흥미와 동기를 부여하는 것에 더 큰 의미를 갖는 것도 필요하다. 교육적 상상력을 발휘한다면 이것이 학교와 교사의 힘이 될 것이고, 새로운 권위를 얻는 밑거름이 될 것이다.

부모는 학교와 교사를 신뢰해야 한다. 공교육보다 사교육을 의지하는 부모의 태도는 자녀가 학교와 교사를 믿지 못하게 만드는 가장 큰 이유가 된다. 우리의 학교, 우리의 아이들을 믿어보자. 아이들은 믿는 만큼 자란다고 하지 않던가.

이 모든 것들이 조화를 이룬다면, 우리의 학교교육과 공교육에 희망을 걸어볼 만하다. 모두의 이상이 '아이들이 행복한 학교' '아이들이 꿈꿀 수 있는 학교'를 향할 때, 우리의 바람은 생각보다 빨리 이루어질지도 모른다. 다소 더디지만, 모두가 꾸준히 학교의 변화를 이끌어갈 때, 우리가 꿈만 꾸던 학교는 현실이 되어 눈앞에 나타날 것이다.

우리는 앞으로도 교육문제에 대한 생산적인 대안을 제시해 방송의 순기능을 확대하는 데 기여하고자 한다. 〈학교란 무엇인가〉 후속 기획으로 제작된 〈우리 선생님이 달라졌어요〉 8부작은 바로 이런 의도에서 시작된다. 행복한 교실을 위한 선생님들의 노력, 이것이 아이 중심인 학교를 위해 부모가 한 힘 더 보태는 계기가 되길 꿈꿔 본다.

EBS 〈학교란 무엇인가〉는 교육의 희망을 전하고자 노력을 아끼지 않는 많은 분들과 함께했습니다.
참가자들과 전문가들에게 감사의 뜻을 전합니다. 본문에 실린 참가자들의 이름은 모두 가명으로 표기
하였습니다. 아울러 방송 장면을 싣도록 양해해주신 모든 분들께 감사드립니다. 그밖에 미리 양해를
구하지 못한 분들의 연락을 기다립니다.

tel_02-2000-6084 e-mail_elim1664@joongang.co.kr